DUMONT
TASCHENBÜCHER

Gerald Kahan, geboren 1942, graduierte am Loyala College in Baltimore; neben seiner Tätigkeit als Manager hat er sich als akademischer Forscher und Ingenieur u. a. mit vielen Vorträgen über Einsteins Relativitätstheorie einen Namen gemacht.

Gerald Kahan

$E = mc^2$

Einsteins Relativitätstheorie zum leichten Verständnis für jedermann: mit vielen Illustrationen → plastisch erklärt

Illustrationen von Charles Prodey

DUMONT

Frontispiz: Albert Einstein an seinem Arbeitstisch im Patentamt.

Alle Zitate von Albert Einstein wurden mit freundlicher Genehmigung der Universität Jerusalem, Einstein-Archiv, abgedruckt.

Aus dem Amerikanischen von Sascha Mantscheff

Deutsche Erstveröffentlichung

10. Auflage 1997
Die amerikanische Originalausgabe erschien unter dem Titel:
»$E = mc^2$: Picture Book of Relativity« bei dem Verlag TAB Books Inc. Blue Ridge Summit, Pa. 17214 USA

Satz und Druck: Rasch, Bramsche
Buchbinderische Verarbeitung: Bramscher Buchbinder Betriebe

Printed in Germany ISBN 3-7701-1852-9

Inhalt

Voller
Liebe und Zuneigung
für

Barbara
Jeffrey
Cindy

und

Virginia

Vorwort

Die Arbeit an diesem Buch begann vor über 25 Jahren. Damals entfachte ein Besuch im Hayden Planetarium in New York City mein bleibendes Interesse an der Astronomie. Zu jener Zeit lebte Albert Einstein noch, und alles, was er sagte oder tat, schien Schlagzeilen zu machen; das faszinierte mich. Ich fing damit an, ein paar Bücher über Relativität zu lesen, die ich aus der Jugendabteilung in der Bücherei geholt hatte, doch das schien hoffnungslos! Ich war einfach zu jung, um sie zu verstehen. Trotz oder wegen meiner Enttäuschung gelobte ich mir, eine Erklärung der Relativität zu liefern, die man jungen Leuten begreiflich machen könne. Alle paar Jahre holte ich mir wieder mal Bücher über die Relativitätstheorie aus der Bücherei, blätterte sie durch und schleppte sie, leicht frustriert, wieder zurück. Die Gedankengänge schienen schier unbegreiflich. Während ich dann, vor ein paar Jahren, gerade mit meiner Familie zu Abend aß, erlebte ich plötzlich einen jener seltenen Aha-Momente – und alles wurde einleuchtend.

Ich faßte meine Ideen zu einer Vorlesung über die Relativitätstheorie zusammen. Einige Jahre lang präsentierte ich diese Vorlesung im Rahmen eines »Student Science Seminar«-Projekts, das von der Astronomical Society und der Mensa-Gruppe in Baltimore gefördert wurde. Mit jeder Vorlesung verbesserte ich aufgrund der Fragen und Kommentare den Text. Alles, was aus jenen Erfahrungen wurde, steht in diesem Buch.

Einleitung

Bei dem Versuch, eine einfache Erklärung der Relativitätstheorie zu entwickeln, stellte ich fest, daß ich dazu einen Begriff umgehen mußte, der allerdings einen der Kernpunkte von Einsteins Ideen bildet. Dabei handelt es sich um den Begriff der Gleichzeitigkeit, den Einstein benutzte, um seine Gleichungen abzuleiten. Die meisten Autoren beziehen sich in ihren Büchern über Relativität auf diese Gleichzeitigkeit und enden so bei Argumenten, die den von Einstein tatsächlich benutzten näherstehen als meine. Obwohl ich davon ausgegangen bin, daß der Leser mit einigen Grundbegriffen der Naturwissenschaft vertraut ist, habe ich mich doch bemüht, den Begriff der Gleichzeitigkeit auszuklammern, da ich ihn für den Laien zu schwierig finde. Die Modelle und Erklärungen, die ich verwende, sind nicht im eigentlichen Sinn wissenschaftlich: Man kann sie beispielsweise nicht benutzen, um die Gleichungen der Relativitätstheorie abzuleiten; aber sie vermitteln die Logik, Ordnung und Harmonie, die jene »seltsamen« Ideen miteinander verknüpfen. Einstein war ein Mensch von tiefem Empfinden, ein Mensch, dessen wissenschaftliche Errungenschaften aus unersättlicher Neugier und unglaublich genauer Intuition erwuchsen. Falls es mir hier gelungen ist, dieses Element des Wundersamen und Geheimnisvollen zu vermitteln, habe ich das Genie Einstein ein bißchen mit Worten umkreisen können.

Bilder und Zeichnungen sind ein untrennbarer Bestandteil dieses Buchs. Praktisch jeder Begriff ist mit einer oder mehreren Zeichnungen illustriert, um das Verständnis zu erleichtern und die Lesefreude zu steigern; Erfahrung hat mich gelehrt, daß die meisten Leute, so gut Einsteins Ideen auch wiedergegeben sein mögen, doch noch zusätzliche Zeit brauchen, um die vielen subtilen Details völlig zu begreifen. Daher sollen die Abbildungen dem Leser gestatten, einen Moment nachzusinnen und die Erklärungen mit einem visuellen Eindruck zu verstärken – selbst auf die Gefahr hin, daß das manchmal wie eine unnötige Wiederholung scheinen mag.

Es ist unmöglich, all den Leuten zu danken, die über so viele Jahre hinweg hilfreiche Anmerkungen und Vorschläge beigesteuert haben. Mein besonderer Dank aber gilt Ronald L. Barnes, John Adam Moreau und Marilyn Koeppel für ihre Hilfe, ihre Ermutigungen und Ratschläge und John P. Thompson für seine stetige Unterstützung. Desgleichen ein spezielles Dankeschön an die Physikerin Barbara J. Sonberg, die das Manuskript wohlwollend redigierte und technische Hilfestellungen gab, die Form und Inhalt des Buchs gleichermaßen beeinflußten. Deborah E. Kreider bin ich für das Abschreiben des Manuskripts verpflichtet, Elizabeth Shields und Elizabeth Hanson für ihre zusätzliche fachkundige Unterstützung. Charles J. Prodey bin ich für die Photos und die vielen schönen Abbildungen, die – wie ich glaube – dieses Buch zu etwas Einmaligem und einer erfreulichen Lektüre machen, höchst dankbar.

Während der ersten Phasen der Niederschrift schlug Mr. Prodey vor, daß eine Albert-Einstein-Puppe unseren Bemühungen eine ungewöhnliche und ansprechende Note verleihen würde. Daraufhin hatten wir das Glück, uns der begeisterten Hilfe von Mr. Roy Insley zu versichern, eines Mannes, zu dessen langer Karriere in der Bühnenkunst die Schaffung zahlreicher Marionetten und Miniatur-Szenerien gehört. Es ist Mr. Insleys »Albert Einstein«, der den Umschlag und die Seiten dieses Buchs schmückt.

Zuguterletzt ein besonders herzliches Dankeschön an meine Frau Barbara, die sich während der letzten zwanzig Jahre geduldig zahllose Lektionen über die Relativitätstheorie angehört hat.

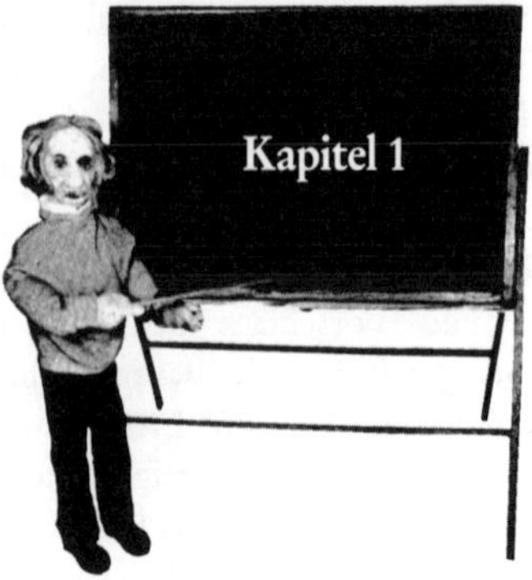

Sternenlicht

$E = mc^2$ ist eine Formel, die im Bewußtsein der Öffentlichkeit mittlerweile einen Platz einnimmt, der den ersten vier Noten der 5. Symphonie von Beethoven oder dem geheimnisvollen Lächeln von Leonardo da Vincis Mona Lisa vergleichbar ist. *(Abb. 1–1).* Es ist eine Formel, die oft das Bild einer großen, bedrohlichen, pilzförmigen Wolke heraufbeschwört, weil sie aussagt, daß die Energie (E) gleich der Masse (m) mal dem Quadrat der Lichtgeschwindigkeit (c) ist. Man verwendet den Buchstaben c für die Lichtgeschwindigkeit, weil er für das Wort »Konstante« (engl.: constant) steht.

Wie »konstant« die Lichtgeschwindigkeit denn nun wirklich ist, wird in den nächsten paar Kapiteln erläutert. Im Moment reicht es jedoch zu wissen, daß die Lichtgeschwindigkeit sehr hoch (ca. 300000 km/s) ist, und daß, wenn man diese Zahl zum Quadrat nimmt (d. h. mit sich selbst multipliziert), eine noch größere Zahl herauskommt. Wenn diese sehr große Zahl mit irgendeinem Wert für die Masse, und sei es einem sehr kleinen, multipliziert wird, ergibt sich ein sehr großer Wert für die Energie. Das erklärt, warum in nur ca. 14 kg Uran – das ist etwa die Menge Uran, die in der Hiroshima-Atombombe war – genügend Energie steckte, um eine ganze Stadt zu zerstören.

Abb. 1–1.

Zum ersten Mal niedergeschrieben wurde die Formel 1905 – so früh im 20. Jahrhundert, daß wohl kaum einer, zu allerletzt aber Albert Einstein, je an etwas gedacht hätte, was nur von ferne an eine Atombombe erinnerte. Woran dachte er dann? Wie andere zeitgenössische Physiker dachte er über viele Probleme nach; das besondere Problem aber, dem er sich zugewandt hatte, als er jene Formel niederschrieb, ist eins, das wir später im Verlauf dieses Buchs erörtern werden.

Um nun diese Formel und die Ereignisse, die zu ihrer Entwicklung führten, in ihren historischen Zusammenhang zu stellen, werden wir uns einer viel bedeutenderen Frage zuwenden, welche die Physiker damals beschäftigte – einer Frage in bezug auf das Sternenlicht. Sie lautete: »Wie kann das Licht der Sterne sich durch das Vakuum des leeren Raums bewegen?« Es ist eine Geschichte, die schon im zweiten nachchristlichen Jahrhundert beginnt, und sie webt einen Faden, der etwas so Zartes wie das Sternenlicht und etwas so Reales wie die Atombombe miteinander verknüpft.

Obwohl sehr wenig über sein Leben bekannt ist, nimmt man an, daß Claudius Ptolemäus, ein Grieche aus Alexandria, im 2. Jahrhundert n. Chr. gelebt hat *(Abb. 1–2)*. Sein Einfluß auf die Astronomie,

Abb. 1–2. Claudius Ptolemäus. Trotz seines weitreichenden Einflusses hat nie jemand eine Biographie oder auch nur einen Abriß seiner Arbeiten geschrieben.

Geographie und Mathematik war während der folgenden dreizehn Jahrhunderte nachhaltig zu spüren. Die herausragendste seiner vielen Ideen war die Vorstellung eines geozentrischen Universums, also eines Universums mit der Erde als Mittelpunkt. Einfach gesagt, behauptete Ptolemäus, daß die Erde stillstehe, während alle Himmelskörper einschließlich der Planeten sich um sie drehten. Diese Vorstellung legte er in seinem dreizehnbändigen Werk *He mathematike syntaxis* (»Die mathematische Sammlung«) nieder, die man heute den *Almagest* nennt.

Ptolemäus brachte mehrere scheinbar überzeugende Argumente für diese Vorstellung einer ruhenden Erde im Mittelpunkt des Universums vor. Er argumentierte folgendermaßen: Da alle Körper zum Mittelpunkt des Universums fallen (wie Aristoteles versichert hatte) und anscheinend alle fallenden Objekte zum Mittelpunkt der Erde stürzen, muß die Erde sich im Mittelpunkt des Universums befinden. Wenn sich die Erde zudem drehen würde, dürfte ein Gegenstand, den man senkrecht hochwirft, nicht auf dieselbe Stelle zurückfallen – das aber war ja nun tatsächlich zu beobachten. Infolgedessen mußte die Erde völlig stillstehen und konnte sich nicht einmal in 24 Stunden um sich selbst drehen, wie manche behauptet

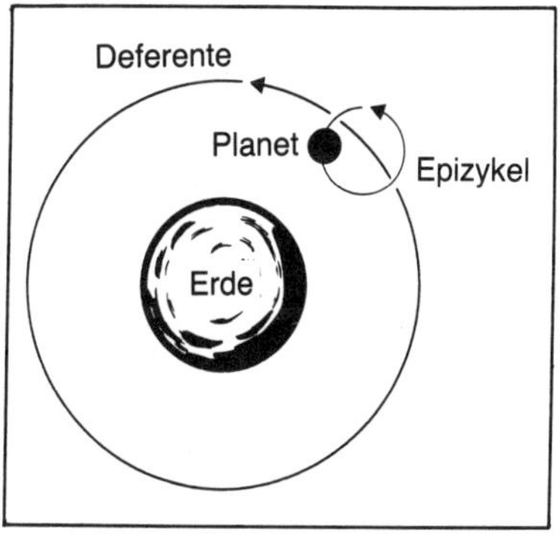

Abb. 1–3. Das System der Epizykel und Deferenten. Ein kompliziertes System, dazu ersonnen, um zu erklären, warum die Planeten manchmal im Verhältnis zu weit entfernten Sternen rückwärts zu laufen scheinen.

hatten. Diese Ideen, meist »Das ptolemäische System« genannt, wurden im Mittelalter zum unangreifbaren Dogma.

Gemäß der griechischen Tradition bestätigte Ptolemäus die Begriffe der Symmetrie und Harmonie, indem er versicherte, daß die Planeten sich auf Kreisbahnen durch die Himmel bewegen. Um zu erklären, was jeder schon beobachtet hatte, daß sich nämlich die Planeten bei ihrer Wanderung über den Abendhimmel manchmal nach rechts und manchmal nach links bewegen, war es erforderlich, das komplizierte System der Epizykel und Deferenten zu ersinnen. Ptolemäus stellte sich vor, daß ein Planet sich auf einer Kreisbahn bewegte, dem Epizykel, dessen Mittelpunkt wiederum auf einer Umlaufbahn um die Erde kreiste, die man Deferente nennt *(Abb. 1–3)*. Im Lauf der folgenden Jahrhunderte wurde es immer schwieriger, dieses System zu akzeptieren, weil die Beobachtungen immer genauer wurden.

Schließlich standen in Ptolemäus' Konzeption des Universums die Planeten der Erde näher als die Fixsterne. Er glaubte, die Sterne seien an einer großen Kristallkugel oder -sphäre befestigt. Außerhalb dieser Sphäre gebe es weitere Sphären und zuletzt das *primum mobile* – eine Sphäre, die die Antriebskraft für die anderen Sphären bereitstelle.

Das ptolemäische System bot einer Welt, die von Religion und der Heiligen Schrift beherrscht wurde, Sicherheit, Bequemlichkeit und Rückhalt. Der Mensch war der Mittelpunkt der Schöpfung und das

Abb. 1–4. Nikolaus Kopernikus. Ein hervorragender Wissenschaftler, dem es gelang, dem Zorn der Kirche zu entgehen, indem er die Veröffentlichung seiner Ansichten bis zu seinem Tod aufschob. Sein großes Werk »Über die Umläufe der Himmelskörper« *stand trotzdem von 1616 bis 1835 auf dem Index der Kirche.*

Universum nur ein blasser Abklatsch seiner Existenz. Als die alten Kulturen zerfielen, verschwand sogar der Drang Fragen zu stellen: Während des Mittelalters boten die Bibel und zuweilen die Schriften der Alten alle nötigen Antworten. Der Mensch war's, zumindest für eine gewisse Zeit, zufrieden.

1543 führte ein deutscher Arzt namens Nikolaus Kopernikus den ersten Streich gegen die mittlerweile dreizehn Jahrhunderte behaglicher Genügsamkeit *(Abb. 1–4).* In diesem Jahr veröffentlichte er *De revolutionibus orbium coelestium* (»Über die Umläufe der Himmelskörper«), worin er die Idee vortrug, daß alle Planeten einschließlich der Erde um eine ortsfeste Sonne kreisen. Auch behauptete er, daß die Erde sich um ihre eigene Achse drehe und bei ihrer Bewegung um die Sonne einen Kreis beschreibe. Indem er die Vorstellung eines Sonnensystems (heliozentrisches System) etablierte, gelang es Kopernikus, das bisherige, immer unzulänglichere und mangelhaftere System abzuschaffen – das System der Epizykel.

Nikolaus Kopernikus wurde 1473 als Sohn deutscher Kaufleute in Ostpolen geboren. Er besuchte die Universitäten von Krakau und Padua und erwarb schließlich Doktortitel in Recht und Medizin.

Seine Studien waren jedoch so umfassend, daß er später auch bei Mathematikern, Astronomen und Theologen bekannt wurde. 1514 war sein Ruhm auf dem Gebiet der Astronomie so gewachsen, daß er zur Teilnahme am Lateranischen Konzil eingeladen wurde, einer Kongregation von führenden Kirchenmännern, bei der unter anderem über eine Kalenderreform nachgedacht wurde.

Je weiter er seine astronomischen Studien vorantrieb, desto unzufriedener wurde Kopernikus mit dem ptolemäischen System. Die Genauigkeit der astronomischen Beobachtungen hatte ein Stadium erreicht, in dem es überaus schwierig wurde, innerhalb des epizyklischen Systems die zukünftige Position eines Himmelskörpers genau anzugeben. Schließlich kam Kopernikus zu der Ansicht, es müsse ein einfacheres, alternatives System geben. Seine Forschungen ergaben, daß schon die Griechen die Vorstellung eines heliozentrischen Universums (mit der Sonne im Mittelpunkt) in Betracht gezogen hatten. Als Kopernikus seinen Berechnungen diese Annahme zugrunde legte, war das Resultat zwar ästhetisch reizvoll, wenn auch keineswegs viel einfacher als das alte System.

Zum Teil erklärt sich die mangelnde Einfachheit dadurch, daß er die Vorstellung beibehielt, die Planeten würden sich gleichförmig auf Kreisbahnen bewegen. Überzeugt von der Richtigkeit seiner Ideen, nahm Kopernikus trotzdem klugerweise von einer Veröf-

Abb. 1–5. Galileo Galilei. Als erster Astronom, der ein Teleskop verwendete, entdeckte er unter anderem die Mondkrater und die Tatsache, daß die Milchstraße aus Millionen von Sternen besteht.

fentlichung seiner Ansichten Abstand, weil er befürchtete, sich die kirchlichen Autoritäten zum Feind zu machen. Angeblich soll ihm an seinem letzten Lebenstag, dem 24. Mai 1543, ein Exemplar seines Werks *De revolutionibus orbium coelestium* überreicht worden sein.

Neunzig Jahre später, also 1633, wurde die Glaubwürdigkeit der kopernikanischen Lehre von einem Versuch Galileo Galileis untermauert *(Abb. 1–5)*. Als erster Astronom, der ein Teleskop verwendete, konnte Galilei die Thesen des Kopernikus verifizieren und beweisen, daß die Erde sich um die Sonne dreht und nicht der Mittelpunkt des Universums ist. Um nicht den Zorn der Kirche auf sich zu ziehen, schrieb Galilei seinen *Dialogo sopra i due massimi sistemi del mondo, tolemaico e copernicano* (»Zwiegespräch, betreffend die zween Haupt-Weltsysteme, das ist: das Ptolemäische und das Kopernikanische«), einen unverfänglichen Diskurs dreier Freunde. Einer der Freunde vertritt die Theorien des Aristoteles, ein zweiter unterstützt Kopernikus, und ein dritter verteidigt die Lehren der Kirche. Zunächst fand das Buch weiten Anklang. Binnen einiger Monate jedoch verkündeten die kirchlichen Autoritäten in Rom, daß das Buch in Wahrheit die kopernikanische Ansicht verfechte und der Autor sich bloß scheinbar der Unvoreingenommenheit befleißige. Infolgedessen wurde Galilei vor die gefürchtete Inquisition gebracht, gezwungen, seine Erkenntnisse zu widerrufen und zu schwören, den Kopernikanismus nie wieder, auf welche Weise auch

Abb. 1–6. Isaac Newton. Sein wissenschaftliches Schaffen war so umfassend und gründlich, daß er fast zu einem zweiten Aristoteles wurde. In England war sein Einfluß so groß, daß für mindestens ein Jahrhundert nach seinem Tod niemand etwas Bedeutendes auf den von ihm behandelten Gebieten zuwege brachte.

Abb. 1–7. Johannes Kepler. Ein brillanter Mathematiker, der die Gesetze der Planetenbewegung entdeckte, obwohl er sich eigentlich mehr für Astrologie als für Astronomie interessierte.

immer, zu lehren oder zu erörtern. Dann wurde er unter Hausarrest gestellt, in dem er die restlichen acht Jahre seines Lebens verbringen sollte*.

Die Ideen, die Kopernikus selbst so zögernd vertreten hatte, führten zu zwei wesentlichen Veränderungen im Weltbild des Menschen: Da erstens die Sterne feststehend oder »fix« zu sein schienen, obwohl man nun wußte, daß sich die Erde bewegte, mußte Kopernikus den Umfang des Universums erweitern und mit Recht behaupten, daß die Sterne so weit entfernt seien, daß man geringe Positionsveränderungen nicht wahrnehmen könne. Zweitens war es in Anbetracht einer sich bewegenden Erde nicht mehr möglich, weiterhin die Ansicht von Aristoteles zu vertreten, daß alle Gegenstände zum Mittelpunkt des Universums fallen.

Damit war die Bahn frei für Isaac Newton, der die endgültigen Gesetze niederschrieb, die die fallenden Körper beherrschen, und

---

* 1979 ordnete Papst Johannes Paul II. eine Wiederaufnahme des Verfahrens gegen Galilei an. Am 5. 7. 1984 wurde der Fall mit einer halbherzigen Rehabilitierung Galileis abgeschlossen: Das Geheimarchiv des Vatikan veröffentlichte zusammen mit der päpstlichen Akademie der Wissenschaften eine lückenlose Dokumentation des Prozesses, enthielt sich aber einer eindeutigen Stellungsnahme.

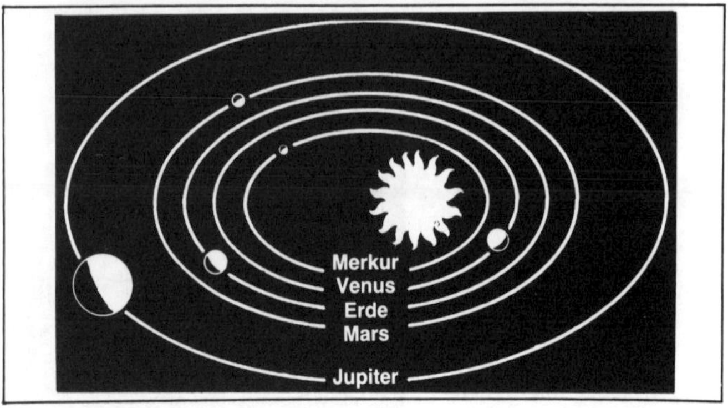

Abb. 1–8. Keplers erstes Gesetz der Planetenbewegung behauptet: Die Planeten beschreiben elliptische Umlaufbahnen, in deren einem Brennpunkt die Sonne steht.

ihnen seinen Begriff der universellen Gravitation nachschickte *(Abb. 1–6)*. Es verwundert nicht, daß die von Nikolaus Kopernikus vertretenen Ideen, welche die Autorität der Alten infrage stellten, heute die »Kopernikanische Revolution« genannt werden.

Zu Anfang des 17. Jahrhunderts – ungefähr zur selben Zeit, als Galilei seine epochemachenden astronomischen Entdeckungen verkündete – stellte der Astronom und Astrologe Johannes Kepler *(Abb. 1–7)* fest, daß die Planeten sich nicht auf Kreisbahnen, sondern auf Ellipsen um die Sonne bewegen *(Abb. 1–8)*. Endlich war der Ansatz eines genauen Verständnisses der Planetenbewegung zur

Abb. 1–9.

Abb. 1–10. Michael Faraday. Obwohl er kaum eine reguläre Ausbildung genossen hatte, war er vielleicht der genialste Experimentator der Welt. Bei der Arbeit mit der Elektrizität entwickelte er den Begriff des »Feldes«, der später zur Grundlage für Einsteins Relativitätstheorie wurde.

Hand. Binnen kurzem verlor dann auch die Sonne ihre bevorzugte Stellung im Universum, als den Astronomen allmählich klar wurde, daß sie nur einer von den Myriaden von Sternen ist, die den nächtlichen Himmel bevölkern.

Im 19. Jahrhundert betrachtete man dann die Sonne nicht nur als einen Stern unter vielen, sondern zudem als einen Stern, der sich relativ zu anderen Sternen bewegt. Man erkannte sogar, daß sich jeder Himmelskörper, ob Stern, Planet, Komet oder was auch immer, in irgendeine Richtung im Universum bewegt. Absolut nichts im Universum steht still. Alles bewegt sich relativ zu allem anderen – eine Feststellung, die mindestens ein weiteres Problem aufwarf *(Abb. 1–9).*

Experimentelle Arbeiten von Thomas Young (1800) und Augustin Fresnel (1814) lieferten überzeugende Beweise dafür, daß das Licht aus Wellen besteht, denen nicht unähnlich, die entstehen, wenn man einen Stein in einen ruhigen Teich wirft. Einige Jahre später beschrieb der hervorragende Experimentalphysiker Michael Faraday den Effekt eines elektrischen Feldes auf ein Magnetfeld und umgekehrt mit Hilfe von Kraftlinien *(Abb. 1–10).*

1862 erweiterte James Clerk Maxwell, den manche mit Isaac Newton in eine Reihe stellen, diese Erkenntnisse durch seine Darlegung der elektromagnetischen Theorie des Lichts *(Abb. 1–11).* Die-

Abb. 1–11. James Clerk Maxwell. Obwohl nicht sehr berühmt, ist er allen Physikern bekannt. Er formulierte die Gleichungen, die das von Faraday entdeckte elektrische Feld beschreiben, und rief damit die Feldtheorie als einen sehr bedeutenden Zweig der Physik ins Leben. Die Feldtheorie wurde sogar so wichtig, daß sie Albert Einstein während seiner letzten vierzig Lebensjahre vorwiegend beschäftigte.

ser Theorie zufolge besteht das Licht aus einem elektrischen Feld, das sich rechtwinklig zu einem Magnetfeld fortpflanzt *(Abb. 1–12)*. Doch wenn das zutraf, wie konnte sich dann das Licht durch das Vakuum des leeren Raums fortpflanzen? Wenn man einen Stein in einen stillen Teich wirft, in dem eine Flasche treibt, breiten sich die Wellen vom Eintauchpunkt aus und lassen dabei die Flasche auf und ab tanzen. Die Flasche bleibt aber trotz ihrer Bewegung relativ zum

Abb. 1–12. Eine elektromagnetische Welle ist ein elektrisches Feld, das sich rechtwinklig zu einem Magnetfeld fortpflanzt.

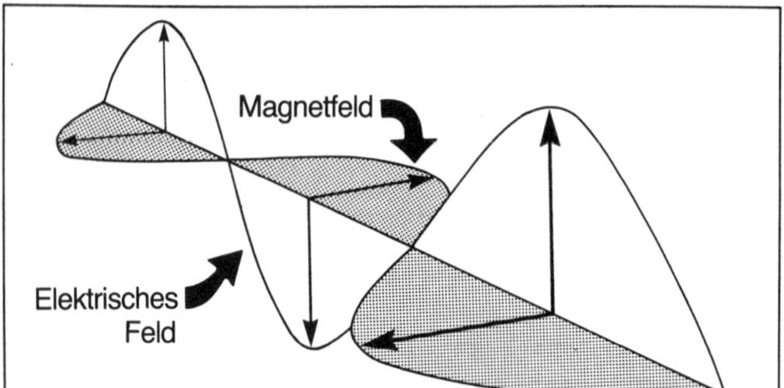

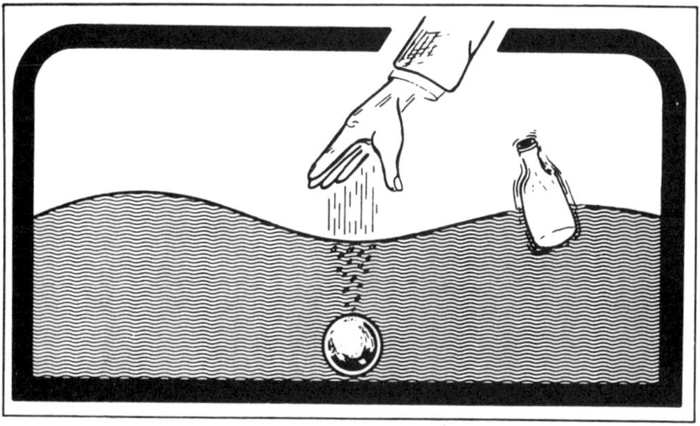

Abb. 1–13. Im 19. Jahrhundert waren die Wissenschaftler überzeugt, daß eine Welle ein Medium braucht, in dem sie sich fortpflanzen kann.

Teich an derselben Stelle *(Abb. 1–13)*. Das Wasser unmittelbar um die Flasche herum steigt und fällt, doch es bewegt sich nicht vom Eintauchpunkt weg. Die Welle bewegt sich fort, nicht aber das Wasser. Um eine Welle zu sehen, müssen wir sie beobachten, wenn sie sich in einem Medium wie beispielsweise Wasser bewegt – sonst gäbe es nichts, was sich »wellen« kann. Die Wissenschaftler des 19. Jahrhunderts, denen klar war, daß man ein Medium braucht, um eine Welle zu sehen, war auch klar, daß es im Weltraum nichts gibt außer dem Vakuum. Da das Licht der Sterne sich aber in einem Medium bewegen mußte, akzeptierten sie Maxwells Vorschlag, den alten griechischen Begriff des »Äthers« wieder zum Leben zu erwecken, und machten sich nun daran, diesen zu finden.

Licht und Spiegel

Der Begriff des Äthers erwuchs aus der Notwendigkeit, zu erklären, wie sich das Licht der Sterne durch den leeren Raum fortpflanzt. Man nahm an, der Äther erfülle allen Raum und durchdringe alle Materie. Wie sonst konnte das Licht ebenso durch den leeren Raum gelangen wie eine massive Glasscheibe durchdringen? Auch dachte man, der Äther stehe absolut still, während alle Himmelskörper sich darin bewegten. Im Grunde betrachteten die Wissenschaftler des 19. Jahrhunderts das Universum so wie ein Fisch den Ozean: Wohin ein Fisch sich auch wendet, bewegen sich andere Geschöpfe durch scheinbar stillstehendes Wasser. In ähnlicher Weise bewegten sich, wohin die Wissenschaftler sich auch wandten, die Himmelskörper durch den scheinbar stillstehenden Äther *(Abb. 2–1)*. Planeten, Kometen, Sterne, Meteoriten – sie alle flitzten in wilder Jagd durch einen Äther, den man für absolut ruhend hielt.

Infolgedessen argumentierten die Wissenschaftler: Wenn man irgendwie herausfinden könnte, wie schnell die Erde sich durch diesen stillstehenden Äther bewegt, würde man daraus errechnen können, wie schnell sie sich relativ zum übrigen Weltall bewegt. Mit der Bestimmung dieser sogenannten »absoluten Bewegung« könne der Mensch die Tatsache beweisen, daß der Äther auch wirklich existiere.

Abb. 2–1. Die Wissenschaftler des 19. Jahrhunderts sahen die Himmelkörper sich durch den Äther bewegen, wie Fische sich selbst im Wasser schwimmen sehen.

Abb. 2–2. Albert Abraham Michelson. In Preußen geboren, wuchs er in Nevada und Kalifornien auf, machte sein Diplom an der Marineakademie der USA und wurde der erste Amerikaner, der einen Nobelpreis für Naturwissenschaften erhielt.

Auf die Suche nach dem Äther begab sich 1879 ein junger Marineoffizier namens Albert A. Michelson *(Abb. 2–2)*. Acht Jahre lang stellte er Untersuchungen an, die schließlich in einem Experiment gipfelten, das er zusammen mit einem der führenden Chemiker seiner Zeit ausführte, nämlich Edward W. Morley *(Abb. 2–3)*. Ihr gemeinsames Unterfangen, das man heute das »Michelson-Morley-Experiment« nennt, wurde 1887 an der Case School für Angewandte Naturwissenschaften (jetzt Case-Western Reserve University) in Cleveland, Ohio, durchgeführt.

Um das Michelson-Morley-Experiment zu verstehen, müssen wir einen Vergleich heranziehen. Stellen Sie sich vor, der Wind weht an einem schönen, sonnigen Tag, und Sie sind draußen und sehen einem Freund zu, der ein funkgesteuertes Modellflugzeug fliegen läßt. Wenn es windstill ist, kann das Flugzeug mit 10 km/h fliegen. Aber heute weht ein Wind (von Osten), und das hat natürlich Auswirkungen auf die Fluggeschwindigkeit. Wenn das Flugzeug nach Osten gegen den Wind fliegt, ist es langsamer als 10 km/h. Wenn es mit Rückenwind nach Westen fliegt, ist es natürlich schneller als 10 km/h.

Nehmen wir beispielsweise an, die Windgeschwindigkeit sei 6 km/h. Wenn es gegen den Wind nach Osten fliegt, kommt das Flugzeug mit einer Geschwindigkeit von 4 km/h vorwärts. Beim Flug nach Westen, mit dem Wind, fliegt es mit 16 km/h. Wenn Sie die Zeit messen, die das Flugzeug braucht, um 2 km nach Osten zu fliegen, zu wenden und 2 km nach Westen zu fliegen, stellen Sie fest, daß es ⅝ Stunden oder 37½ Minuten braucht *(Abb. 2–4)*.

Jetzt nehmen wir an, daß der Wind weiterhin aus Osten bläst, während das Flugzeug diesmal 2 km nach Norden fliegt, wendet und wieder 2 km nach Süden fliegt. Nun stellen Sie fest, daß der Flug genau eine halbe Stunde gedauert hat *(Abb. 2–5)*. Denn während beider Abschnitte der Reise fliegt das Flugzeug nur mit 8 km/h als schnellstmöglicher Geschwindigkeit, weil es dem Winddruck widerstehen muß, der ständig versucht, es nach Westen zu treiben.

Abb. 2–3. Edward Williams Morley. Obwohl er das Priesteramt anstrebte, wurde er stattdessen Chemiker und kam schließlich als Physiker zu Weltruhm.

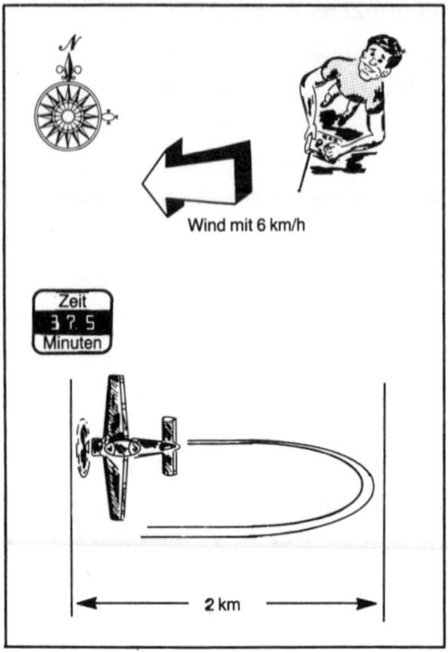

Abb. 2–4. Wenn der Wind mit 6 km/h von Ost nach West weht, braucht ein funkgesteuertes Modellflugzeug, das bei Windstille 10 km/h fliegen kann, 37,5 Minuten, um 2 km nach Osten gegen den Wind und dann 2 km nach Westen mit Rückenwind zu fliegen.

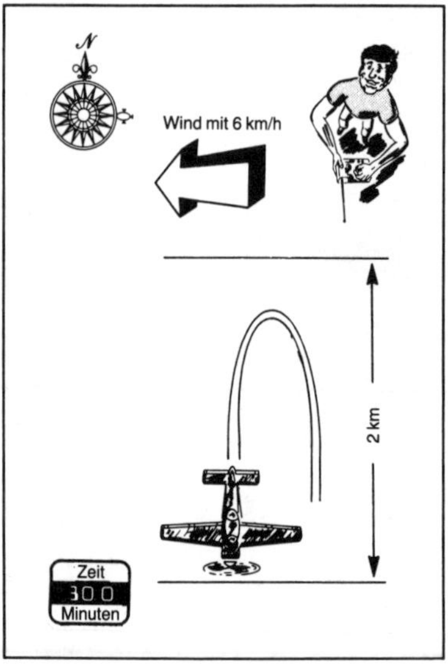

Abb. 2–5. Wenn der Wind mit 6 km/h aus Osten weht, braucht ein funkgesteuertes Modellflugzeug, das bei Windstille mit 10 km/h fliegen kann, 30 Minuten, um 2 km nach Norden und dann 2 km nach Süden mit Seitenwind zu fliegen.

Worauf es hierbei ankommt, ist der Umstand, daß das Flugzeug länger braucht, um gegen die Luftströmung und zurück zu fliegen (⅝ Stunden), als es quer zum Wind und zurück benötigt (½ Stunde). Obwohl Michelson und Morley noch nie von funkgesteuerten Modellflugzeugen gehört hatten, bedienten sie sich einer derartigen Überlegung, um ihre Versuchsanordnung aufzustellen. Bevor wir beschreiben können, was sie tatsächlich taten, müssen wir die Analogie noch ein wenig vertiefen.

Mit Hilfe von einem bißchen Elementaralgebra kann man aus diesen Überlegungen eine einfache Formel ableiten, um die Windgeschwindigkeit lediglich mit Hilfe unseres Modellfliegers und einer Stoppuhr zu berechnen. Um die Formel zu benutzen, müssen wir nur herausfinden, wie lange das Flugzeug für beide Hin- und Rückflüge braucht, und berücksichtigen, daß es bei Windstille mit 10 km/h fliegen kann. Dann können wir diese Werte in die Formel einsetzen:

$$\text{Windgeschwindigkeit} = \left(\begin{array}{c}\text{Fluggeschwindigkeit}\\ \text{bei Windstille}\end{array}\right) \sqrt{1 - \left(\frac{\text{Flugzeit bei Seitenwind}}{\text{Flugzeit bei parallelem Wind}}\right)^2}$$

$$\text{Windgeschwindigkeit} = 10 \sqrt{1 - \left(\frac{1/2}{5/8}\right)^2}\ \text{km/h}$$

$$\text{Windgeschwindigkeit} = 6\ \text{km/h}$$

Ein weiterer Punkt, den man bedenken muß, ist die Bewegung der Erde relativ zum Äther. Wie gesagt, kam es den Wissenschaftlern des 19. Jahrhunderts vor, als bewege die Erde sich durch den stillstehenden Äther, so wie wenn wir auf der Autobahn durch Luft fahren, in der gerade die Windstärke Null herscht. Wenn wir mit 80 km/h fahren, strömt die Luft mit 80 km/h an uns vorbei, stehen wir aber am Straßenrand, während jemand anders unseren Wagen fährt, sehen wir natürlich, daß das Auto mit 80 km/h die Luft durchschneidet. Ob die Luft nun am Wagen vorbeiströmt oder umgekehrt – die relative Geschwindigkeit beträgt 80 km/h.

Das gleiche gilt natürlich für die Erde und den Äther. Von unserem Planeten aus können wir uns vorstellen, daß der Äther ebenso an der Erde vorbeiströmt wie der Wind an unserem Wagen *(Abb. 2–6)*. Tatsächlich sprachen die Wissenschaftler vom sogenannten »Ätherwind«. Doch wenn wir so im Weltraum stehen könnten wie am Straßenrand, würden wir »sehen«, daß die Erde sich so durch den Äther bewegt wie unser Wagen durch die Luft *(Abb. 2–7)*. Und wiederum ist die relative Geschwindigkeit, ob die Erde sich nun durch den Äther bewegt oder dieser an ihr vorbeiströmt, dieselbe. Das ist ein recht einleuchtender, aber wichtiger Punkt, der im Gedächtnis behalten werden muß, wenn wir unsere Analogie noch einen Schritt weiter führen.

Obwohl noch Isaac Newton geglaubt hatte, das Licht bestehe aus Teilchen, die er »Korpuskeln« nannte, zeigten die Wissenschaftler des 19. Jahrhunderts die Wellennatur des Lichts auf. Anfang des 20. Jahrhunderts, einige Zeit nach der Durchführung des Michelson-Morley-Experiments, ergab die experimentelle Forschung abermals, daß das Licht doch aus Teilchen bestehen kann. Einstein nannte diese Teilchen »Quanten«, später wurden sie als »Photonen« bekannt. Bis heute können die Wissenschaftler nicht mit Sicherheit angeben, ob Licht nun aus Teilchen oder Wellen besteht: in manchen Experimenten verhält es sich so, in anderen so. Daher

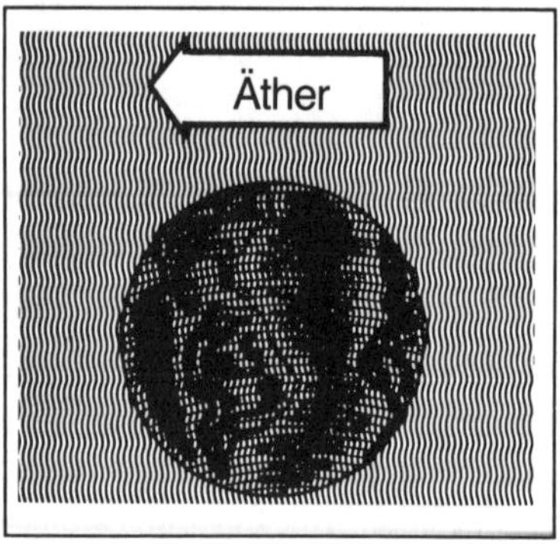

Abb. 2–6. Von der Erde aus scheint der Äther an uns vorbeizuströmen wie Wind.

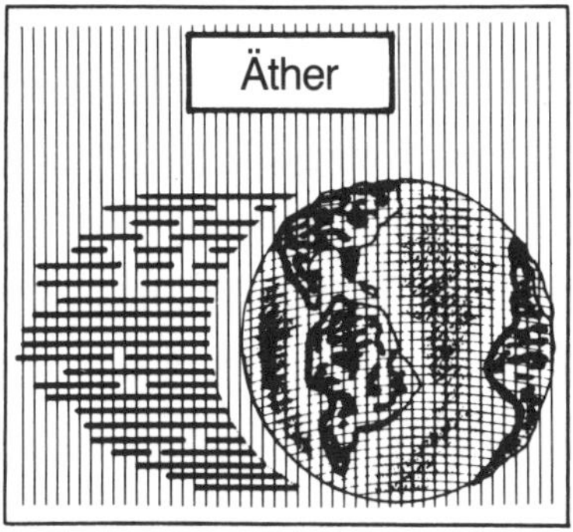

Abb. 2–7. Vom Weltraum aus gesehen scheint die Erde sich durch den ruhenden Äther zu bewegen.

sprechen die Wissenschaftler von der »Doppelnatur« des Lichts. Worauf es hier ankommt, ist nicht, daß Licht letztlich sowohl aus Wellen als auch aus Teilchen bestehen kann, sondern, daß wir ein »Stück« Licht als »Photon« ansehen können. So ein Photon läßt sich als ein kleines Bündel oder als Kugel aus Energie vorstellen.

Nun endlich können wir unsere Analogie zwischen dem funkgesteuerten Modellflugzeug und dem Michelson-Morley-Experiment vervollständigen. Wir fangen an, indem wir die Luft durch den Äther ersetzen und das Flugzeug durch ein »langsames« Photon *(Abb. 2–8, 2–9, 2–10 und 2–11)*. Da unser Flugzeug bei Windstille mit 10 km/h fliegen kann, kann sich auch unser Photon im stillstehenden Äther mit 10 km/h fortbewegen. Ebenso wie der Wind uns an einem stürmischen Tag ins Gesicht pfeift, bläst uns nun der Ätherwind ins Gesicht, wenn die Erde sich durch den ruhenden Äther bewegt. Wir sagten, daß unser Flugzeug nach Osten gegen den Wind langsamer als 10 km/h fliegt, und so überrascht es nicht, daß auch unser Photon sich langsamer als mit 10 km/h fortbewegt, wenn es nach Osten gegen den Ätherwind fliegt. Auch sagten wir, daß unser Flugzeug nach Westen, mit dem Wind, schneller als 10 km/h fliegt, und das gleiche tut unser Photon, wenn es mit dem Ätherwind nach Westen fliegt.

Wenn der Ätherwind mit 6 km/h von Ost nach West bläst, dürfen wir erwarten, daß unser Photon mit 4 km/h nach Osten und mit 16 km/h nach Westen fliegt. Würde man messen, wie lange das Photon braucht, um 2 km nach Osten zu fliegen, zu wenden und wieder

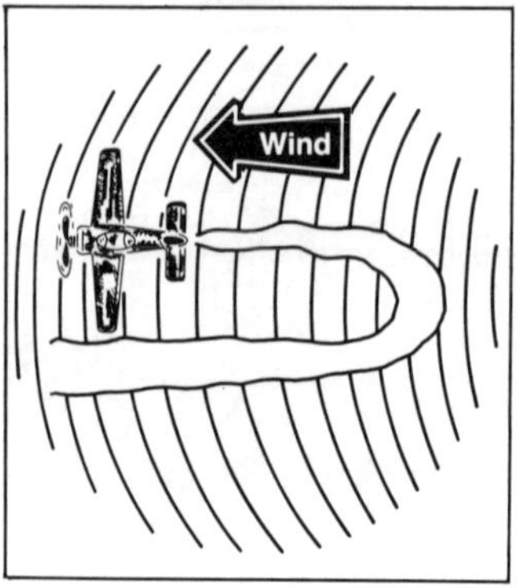

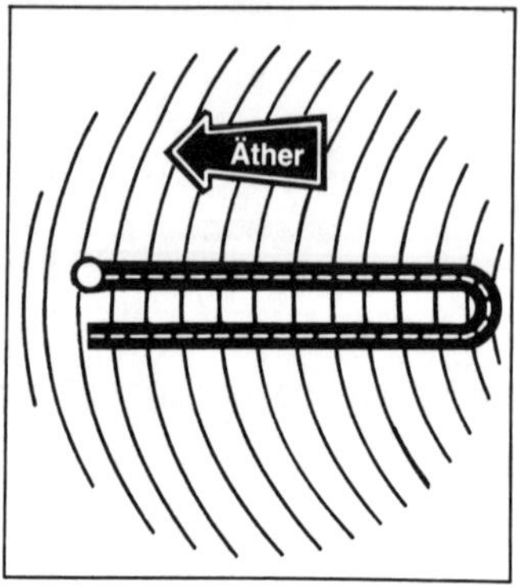

Abb. 2–8. Um unsere Analogie zu entwickeln, ersetzen wir das funkgesteuerte Modellflugzeug durch ein Photon und den Wind durch den Äther. Hier fliegt das Flugzeug erst nach Osten und dann nach Westen.

Abb. 2–9. Das Photon hat das Flugzeug und der Äther hat den Wind ersetzt, wobei das Photon nun erst nach Osten und dann nach Westen fliegt.

Abb. 2–10. Das Flugzeug fliegt erst nach Norden, dann nach Süden.

Abb. 2–11. Das Photon hat das Flugzeug und der Äther hat den Wind ersetzt, wobei das Photon nun erst nach Norden und dann nach Süden fliegt.

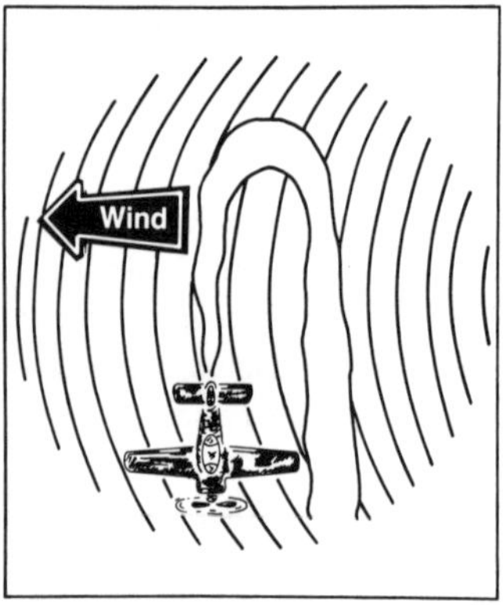

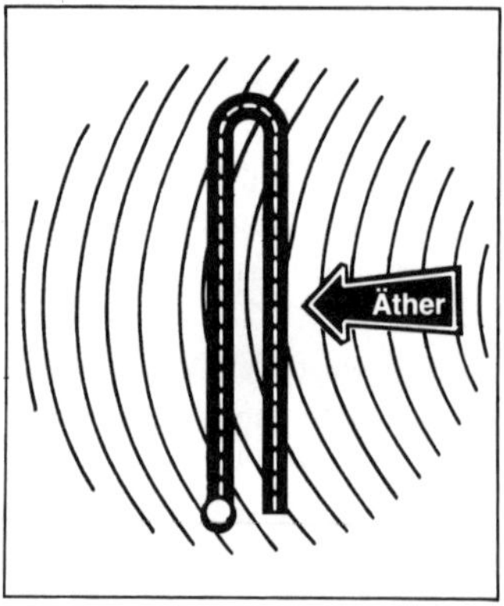

2 km nach Westen zu fliegen, wäre festzustellen, daß es 5/8 Stunden oder 37½ Minuten braucht. Wenn der Äther weiter von Ost nach West weht während unser Photon 2 km quer zum Ätherwind nach Norden fliegt, wendet und wieder 2 km zurück quer zum Ätherwind fliegt, beträgt die Gesamtflugzeit genau eine halbe Stunde. Wie

das Flugzeug würde sich das Photon mit nur 8 km/h vorwärts bewegen, weil es die ganze Zeit über der Kraft des Ätherwinds widerstehen muß, der versucht, es nach Westen zu treiben. Nur mit einer Stoppuhr ausgerüstet, können wir nun bestimmen, wie schnell die Erde sich durch den ruhenden Äther bewegt.

Wir müssen lediglich eine Versuchsanordnung finden, in der wir ein Photon 2 km gegen den Ätherwind nach Osten fliegen, wenden und mit dem Ätherwind 2 km nach Westen fliegen lassen. Die Zeit für diese Rundreise können wir stoppen – mittlerweile wissen wir, daß sie ⅝ Stunden betragen wird. Dann lassen wir das Photon 2 km quer zum Ätherwind nach Norden fliegen, wenden und wieder 2 km südlich quer zum Ätherwind fliegen. Abermals halten wir die Flugzeit fest, von der wir natürlich wissen, daß sie genau eine halbe Stunde betragen wird. Nach diesen beiden Stoppuhrmessungen und mit unserem Wissen um den – angenommenen – Umstand, daß das Photon sich im ruhenden Äther mit 10 km/h fortbewegt, können wir die Werte in unsere Formel einsetzen, um die Geschwindigkeit des Ätherwinds an der Erdoberfläche zu erhalten:

$$\text{(Äther-) Windgeschwindigkeit} = \left(\begin{array}{c}\text{Flug-}\\\text{geschwin-}\\\text{digkeit}\\\text{bei Wind-}\\\text{stille}\end{array}\right) \sqrt{1 - \left(\frac{\begin{array}{c}\text{Flugzeit}\\\text{bei Seiten-}\\\text{wind}\end{array}}{\begin{array}{c}\text{Flugzeit}\\\text{bei paral-}\\\text{lelem Wind}\end{array}}\right)^2}$$

$$\text{(Äther-) Windgeschwindigkeit} = 10 \sqrt{1 - \left(\frac{1/2}{5/8}\right)^2} \text{ km/h}$$

$$\text{(Äther-) Windgeschwindigkeit} = 6 \text{ km/h}$$

Da wir nun wissen, wie schnell der Ätherwind über die Erdoberfläche weht und zudem, wie besprochen, wissen, daß die Geschwindigkeit des Ätherwinds dieselbe ist wie die, mit der die Erde sich durch den ruhenden Äther bewegt, haben wir endlich die »absolute Bewegung« der Erde ermittelt. Unsere Analogie ist komplett.

Natürlich genossen Michelson und Morley nicht den Luxus, mit einem »langsamen« Photon arbeiten zu können. Niemand wußte besser als Michelson, daß das Licht sich mit etwa 300000 km/s fortpflanzt, denn 1873, mit nur 21 Jahren, hatte er ein Experiment durchgeführt, daß die bislang genaueste Messung der Lichtgeschwindigkeit ergab: 299788,88 km/s. Der beste moderne Wert ist 299792,46 km/s. Aber wie hoch die Geschwindigkeit des Photons auch ist, unser Konzept von dem funkgesteuerten Modellflugzeug läßt sich dennoch ins Laboratorium übertragen und in einem echten Experiment verwenden.

Abb. 2–12. Schematischer Aufbau des Michelson-Morley-Experiments.

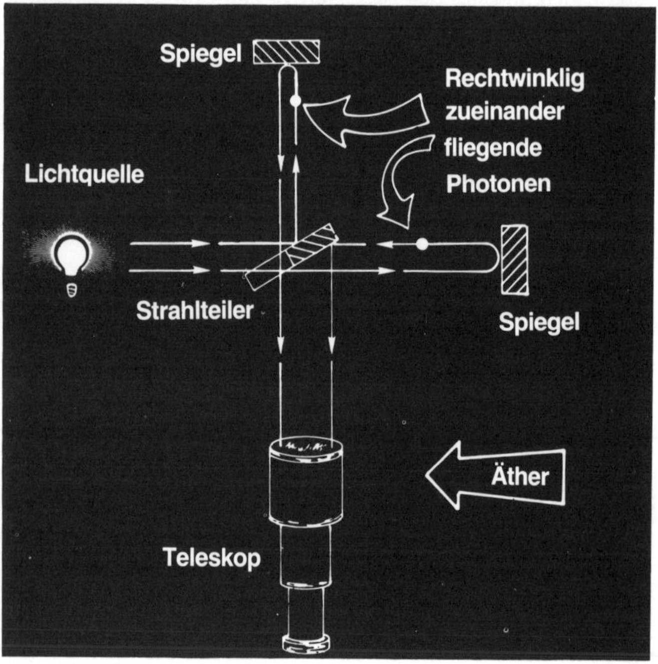

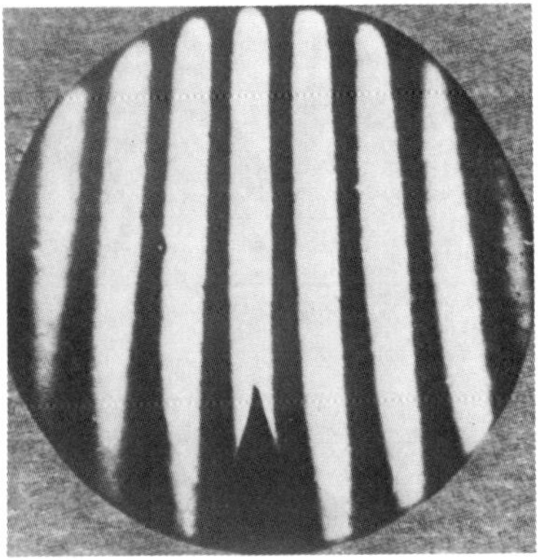

Abb. 2–13. Das erwartete Streifenmuster, das Michelson und Morley zu beobachten hofften.

Was Michelson und Morley tatsächlich durchführten, war ein Experiment, das in *Abb. 2–12* schematisch dargestellt ist. Das Licht aus einer Lichtquelle wird von einem Strahlteiler in zwei senkrecht zueinander verlaufende Strahlen geteilt. Jeder Strahl wird von einem Spiegel – beide in gleicher Entfernung – reflektiert und gelangt, wieder über den Strahlteiler, zu einem Detektor, der in diesem Fall ein kleines Teleskop war. Michelson und Morley argumentierten folgendermaßen: Wenn zwei Lichtstrahlen, die rechtwinklig zueinander verlaufen, im Strahlteiler erzeugt werden, brauchen sie für den Rückweg zum Strahlteiler unterschiedliche Zeiten. Der Lichtstrahl, der sich erst gegen die Ätherströmung und dann mit ihr bewegt, benötigt einen winzigen Bruchteil einer Sekunde länger als der Lichtstrahl, der sich quer zur Strömung und zurück bewegt. Die Differenz der Zeiten, die beide Strahlen für ihren Weg brauchen, sollte sich durch Messungen eines Streifenmusters bestimmen lassen, das im Teleskop entstehen würde.

Das in *Abb. 2–13* gezeigte Streifenmuster wird durch Verstärkung oder Interferenz von Lichtwellen erzeugt. Wenn zwei Lichtwellen phasengleich sind, stimmen Wellenberge und -täler überein und verstärken einander, wodurch sich intensiveres Licht ergibt *(Abb. 2–14)*. Wenn zwei Lichtwellen phasenverschoben sind, heben Wellenberge und -täler einander so auf, daß kein Licht erzeugt wird *(Abb. 2–15)*. Da man erwartete, daß die beiden Lichtstrahlen im

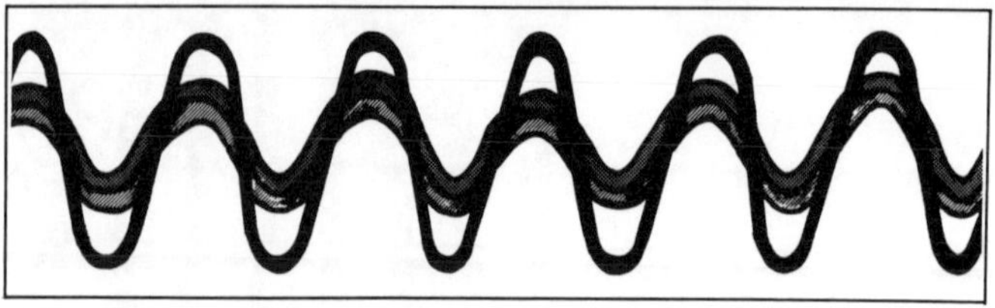

Abb. 2–14. Zwei phasengleiche Lichtwellen verstärken einander, wodurch sich intensiveres Licht ergibt.

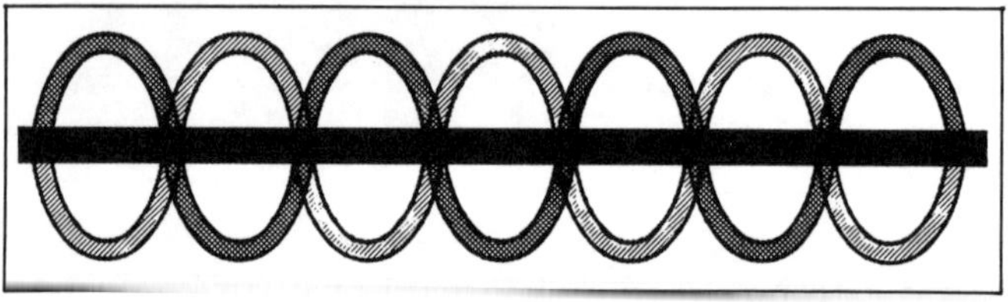

Abb. 2–15. Zwei phasenverschobene Lichtwellen heben einander auf, und es entsteht kein Licht.

Michelson-Morley-Apparat zeitlich ein wenig versetzt eintreffen würden, müßten sie auch leicht phasenverschoben sein, würden also ein Streifenmuster ergeben – eine Kombination von Licht und Dunkelheit. Messungen des Streifenmusters ergeben das Maß, in dem die Wellen phasenverschoben sind, und weitere Berechnungen führen zu der Differenz der Zeiten, die beide Strahlen für ihren Weg brauchen. Doch da der Apparat nur die Zeitdifferenz, nicht die Zeiten selbst ergab, mußten Michelson und Morley eine kompliziertere Formel als die von uns benutzte verwenden, um die Geschwindigkeit des Ätherwinds oder seines Äquivalents zu berechnen, der Geschwindigkeit der Erde im ruhenden Äther.

Da die Erde bei ihrem Weg um die Sonne eine Ellipse beschreibt, konnte man unmöglich wissen, welcher Lichtstrahl sich parallel zur Ätherströmung und welcher sich rechtwinklig dazu bewegte. Deswegen wurde die gesamte Apparatur auf eine große Sandsteinplatte gebaut, die ihrerseits auf Quecksilber schwamm. Mit dieser Konstruktion wurden Erschütterungen gedämpft, und es war möglich, das Ganze wie eine große Drehscheibe zu bewegen. Michelson und Morley konnten sicher sein, daß sie mit Messungen in mehrere ver-

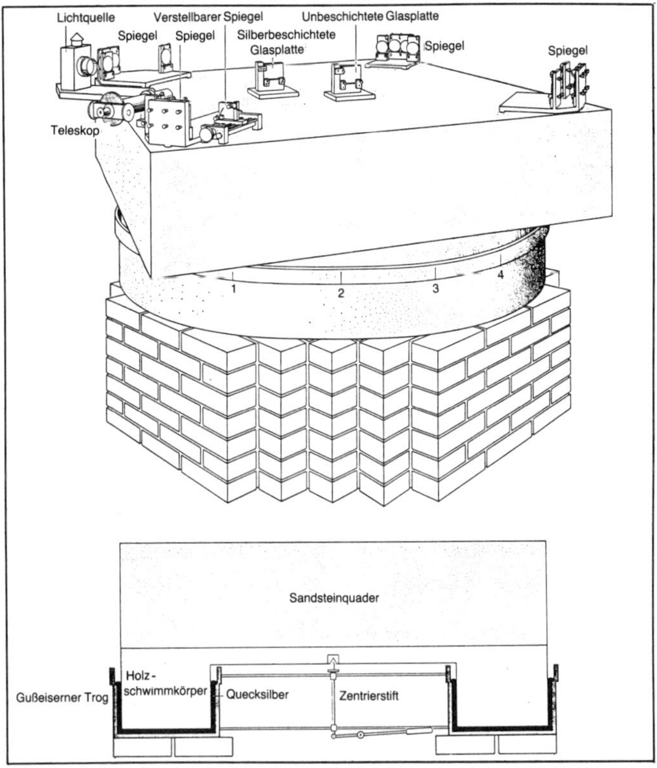

Abb. 2–16. Der Michelson-Morley-Apparat, das sogenannte Interferometer, das 1887 in Cleveland für das entscheidende Ätherwind-Experiment benutzt wurde, weist einige wichtige Verbesserungen gegenüber den früheren Michelson-Interferometern auf. Die optischen Geräte waren auf einem Sandsteinquader von 1,5 m Kantenlänge montiert, der auf Quecksilber schwamm, wodurch die Spannungen und Vibrationen eliminiert wurden, die die früheren Experimente stark verfälscht hatten. Der Stein selbst stand auf einem reifenförmigen Holzschwimmkörper, der wiederum in einem ebenso geformten gußeisernen Trog stand, welcher mit Quecksilber gefüllt war (siehe Querschnitt). Die Beobachtungen ließen sich in beliebige Richtungen durchführen, indem man den Apparat in der Waagerechten drehte.

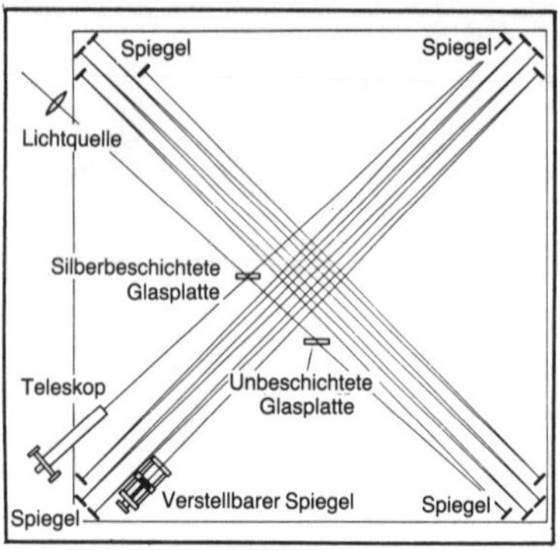

Abb. 2–17. Die Aufsicht des Michelson-Morley-Interferometers zeigt den Weg der beiden rechtwinklig zueinander verlaufenden Lichtstrahlen. Indem man vier Spiegel statt nur einen an jedem Ende der beiden Lichtbahnen verwendete, konnten die Strahlen mehrmals hin- und herlaufen; dadurch erhöhte sich der effektive Weg von 1,20 m auf über 12 m, wodurch der Apparat zehnmal empfindlicher wurde als frühere Versionen.

schiedene Richtungen schließlich die »richtige« Richtung finden würden *(Abb. 2–16, 2–17).*

Wie zu erwarten, wurde der Genauigkeit beträchtliche Aufmerksamkeit gewidmet. Aus diesem Grund verwendete man mehr als die zwei Spiegel der schematischen Anordnung von *Abb. 2–12.* Die beiden rechtwinkligen Lichtstrahlen wurden dadurch mehrere Male hin- und hergespiegelt, bevor sie das Teleskop erreichten. Der längere zurückzulegende Weg erhöhte die Genauigkeit des Experiments bis zu einem Grad, an dem man sich vertrauensvoll auf die Ergebnisse verlassen konnte.

Endlich war alles bereit. Die entscheidenden Messungen wurden vom 8. bis zum 12. Juli 1887 vorgenommen, und zur großen Bestürzung von Michelson und Morley und zur Verblüffung der gesamten wissenschaftlichen Zunft scheiterte das Experiment! Wie oft es auch wiederholt wurde, wie die Versuchsanordnung auch ausgerichtet wurde, das erwartete Streifenmuster zeigte sich nicht. Die Zeit, die die beiden rechtwinklig zueinander verlaufenden Lichtstrahlen für ihren jeweiligen Weg brauchten, war genau dieselbe. Trotz der jahrelangen Bemühungen und der beträchtlichen Detailgenauigkeit war die Hoffnung der Menschen, je den Äther zu entdecken – von der »absoluten Bewegung« der Erde ganz zu schweigen – auf immer dahin.

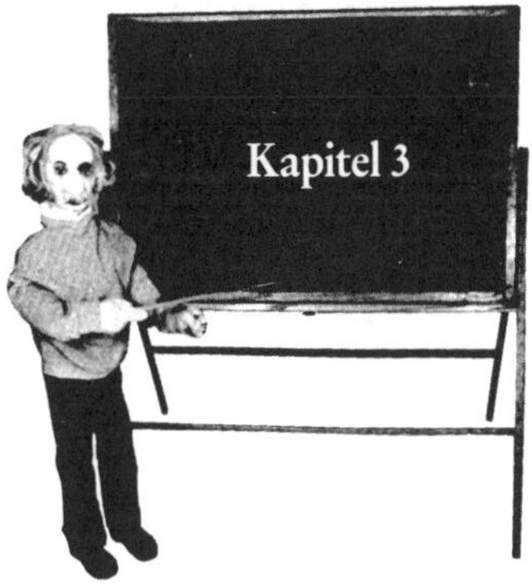

Unüberwindliche Schwierigkeiten

Warum scheiterte das Michelson-Morley-Experiment? Mehrere Wissenschaftler bemühten sich darum, Erklärungen zu finden. Zunächst schlug Michelson selbst eine Lösung vor, die man vielleicht am besten versteht, wenn man sich vorstellt, daß man an einem völlig windstillen Tag auf einem offenen Güterwagen steht. Wenn der Güterwagen mit 20 km/h fährt, während man rückwärts schaut, spürt man den Wind mit 20 km/h im Rücken *(Abb. 3–1)*. Laufen Sie nun aber mit genau 20 km/h in Richtung des Zugendes, spüren Sie den Wind nicht mehr im Rücken, weil Sie sich relativ zum Wind gar nicht bewegen *(Abb. 3–2)*.

Würde das gesamte Sonnensystem sich so bewegen wie der Güterwagen, würde die Erde den Ätherwind »im Rücken« spüren. Bei der Umkreisung der Sonne aber bewegt die Erde sich «vorwärts«; und vielleicht, so schlug Michelson vor, bewegt sie sich mit genau derselben Geschwindigkeit »vorwärts« wie das Sonnensystem »rückwärts«. Unter diesen Umständen würde sich die Erde relativ zum Ätherwind natürlich nicht bewegen *(Abb. 3–3 und 3–4)*. Um zu überprüfen, ob diese Vorstellung stimmte, wiederholten Michelson und Morley ihr Experiment sechs Monate später. Sie hatten überlegt, daß die Erde sich bei ihrer Reise um die Sonne sechs Monate später genau in die entgegengesetzte Richtung bewegt; dann sollte

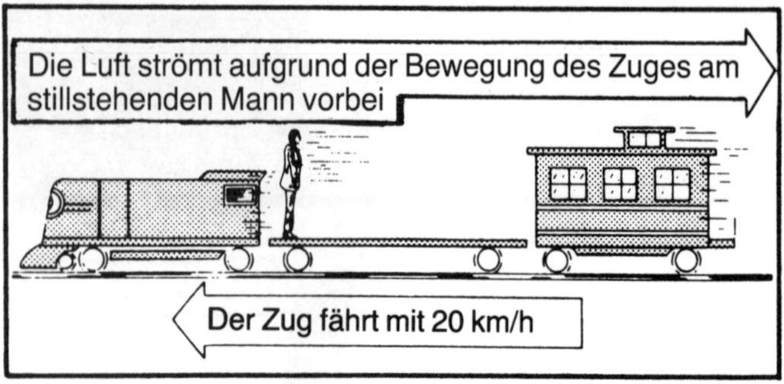

Abb. 3–1. An einem windstillen Tag spürt der Mann auf dem fahrenden Güterwagen den Fahrtwind im Rücken.

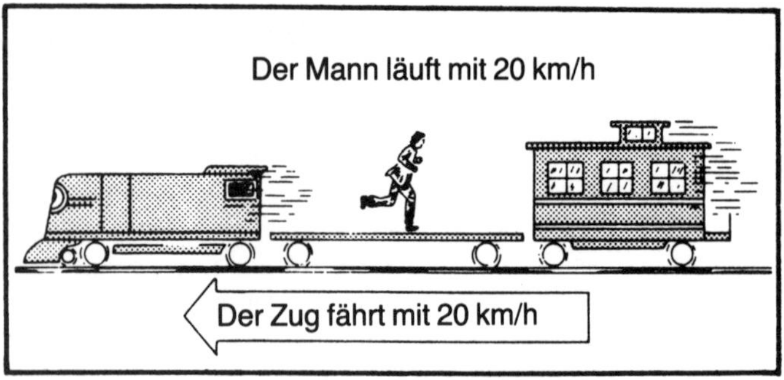

Abb. 3–2. Wenn der Mann so schnell läuft, wie der Zug fährt, spürt er den Fahrtwind nicht mehr.

der Ätherwind die Erde von »vorne« treffen, und zusammen mit der Bewegung des gesamten Sonnensystems würde das keinen Zweifel daran lassen, daß die Erde sich relativ zum Ätherwind bewegt. Übrigens wiederholten Michelson und Morley, nur um doppelt sicher zu gehen, ihr Experiment in dreimonatigen Abständen. Aber jedesmal schlug es fehl.

Dann brachte wiederum Michelson vor, daß der Äther sich möglicherweise vor der Erde aufstaut, genauso wie das Wasser vor einem Stein, der über die Oberfläche eines Sees springt *(Abb. 3–5)*. Da der Äther, der von der Erde zusammengepreßt wird, sich relativ zur

Erde nicht bewege, sei es unmöglich, den Ätherwind festzustellen. Doch einige Experimente, darunter auch eins von Michelson, zeigten, daß auch das nicht zutraf.

Seit 1887 ist das Michelson-Morley-Experiment oft und von vielen Wissenschaftlern wiederholt worden. Manche verwandten viel genauere Geräte als Michelson und Morley; alle jedoch erzielten die gleichen, entmutigenden Resultate.

1892 kam George F. FitzGerald, ein irischer Physiker *(Abb. 3–6)*, darauf, daß der Michelson-Morley-Apparat selbst in Bewegungs-

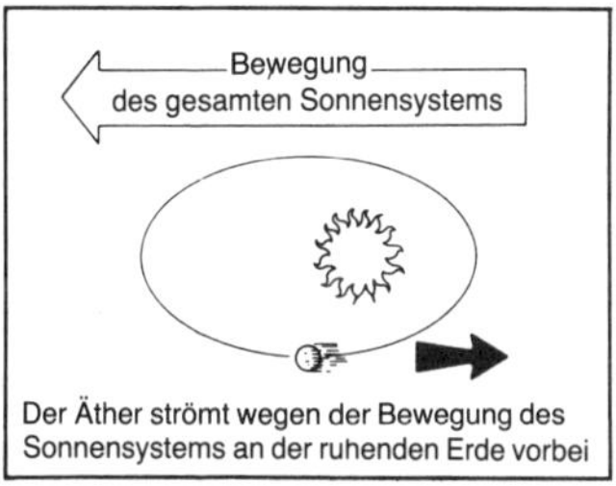

Abb. 3–3. Wenn sich das gesamte Sonnensystem durch ruhenden Äther bewegte, würde die Erde den Ätherwind »im Rükken spüren«.

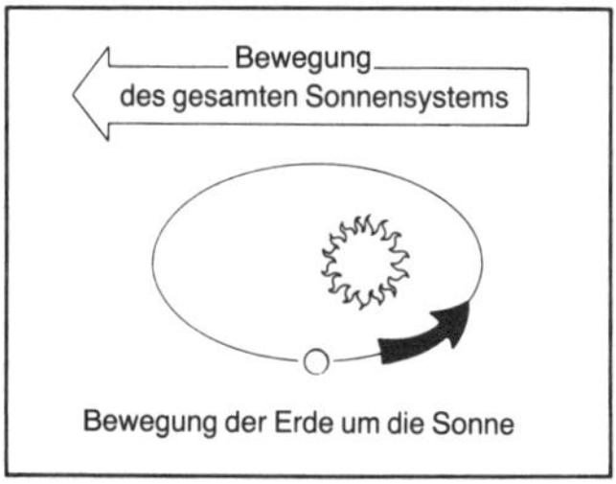

Abb. 3–4. Wenn sich die Erde so schnell »vorwärts« bewegte wie das gesamte Sonnensystem »rückwärts«, würde sie den Ätherwind nicht mehr »spüren«.

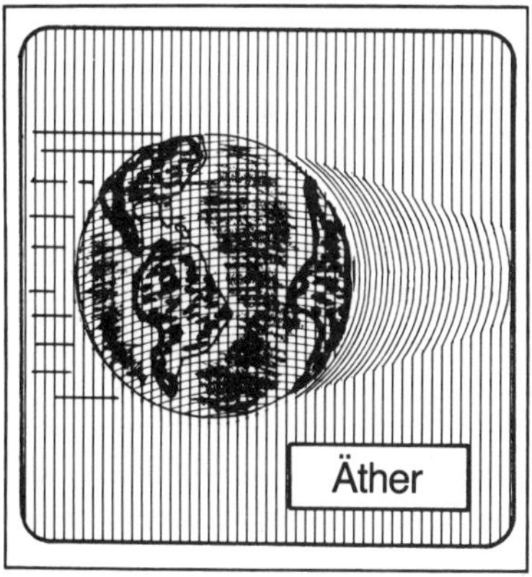

Abb. 3–5. Wenn der Äther sich vor der Erde anstaute, wäre er relativ zu dieser stillstehend, und daher könnte man ihn mit dem Michelson-Morley-Interferometer nicht nachweisen.

Abb. 3–6. George Francis FitzGerald. Ein Physiker, zu dessen großartigen Leistungen auch die Annahme gehörte, daß man mit einem oszillierenden elektrischen Strom elektromagnetische Wellen erzeugen könne – eine Feststellung, die bald zur drahtlosen Telegraphie führte.

richtung verkürzt werden könnte. Anders gesagt: Der Abstand des Strahlteilers zum »stromaufwärts«, d.h. parallel zum Ätherwind gelegenen Spiegel würde ein winziges bißchen schrumpfen *(Abb. 3–7).* Darüber hinaus betrage die Verkürzung des Abstands gerade so viel, daß die beiden Lichtstrahlen ihre jeweiligen Wege in genau derselben Zeit zurücklegten. Die Frage liegt auf der Hand: Warum maß man dann nicht einfach den neuen, kürzeren Abstand? Die Antwort lautet: Weil auch das »Maßband« vom Strahlteiler zu dem stromaufwärts gelegenen Spiegel schrumpft, da es die dieselbe Bewegungsrichtung hat wie der Apparat selbst.

1895 kam der niederländische Physiker Hendrik A. Lorentz *(Abb. 3–8)* unabhängig davon zu dem Schluß, daß der Michelson-Morley-Apparat sich in Bewegungsrichtung verkürzen müsse, und formulierte vier Gleichungen, um diese Vorstellung in mathematische Begriffe zu fassen. Die erste Gleichung läßt sich verwenden, um den neuen, verkürzten Abstand zwischen Strahlteiler und stromaufwärts gelegenem Spiegel zu berechnen:

$$\begin{array}{c}\text{Neuer (verkürzter) Ab-}\\ \text{stand zwischen Strahlteiler}\\ \text{und Spiegel}\end{array} = \sqrt{1 - \frac{\left(\begin{array}{c}\text{Geschwindigkeit des}\\ \text{Michelson-Morley-Appa-}\\ \text{rats relativ zum Äther}\end{array}\right)^2}{(\text{Lichtgeschwindigkeit})^2}}\left(\begin{array}{c}\text{Gemessener Abstand}\\ \text{zwischen Strahlteiler}\\ \text{und stromaufwärts}\\ \text{gelegenem Spiegel}\end{array}\right)$$

Gleichung 1

Abb. 3–7. FitzGerald meinte, daß der Abstand zwischen dem Strahlteiler und dem stromaufwärts gelegenen Spiegel möglicherweise ein winziges bißchen kürzer werde. Unter dieser Voraussetzung könnten die beiden Lichtstrahlen ihre Wege in exakt derselben Zeit zurücklegen.

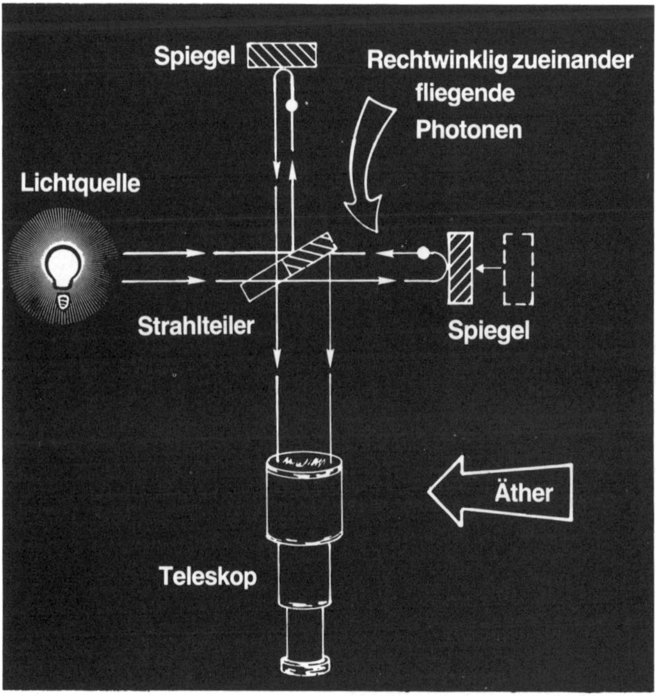

Abb. 3–8. Hendrik Antoon Lorentz. Obwohl er die Gleichungen entwickelte, die in der Speziellen Relativitätstheorie erscheinen, war er nicht in der Lage, die dazu passende Theorie zu liefern. Dennoch erhielt er für seine zahlreichen Verdienste um die Physik 1902 den Nobelpreis.

Angenommen, der gemessene Abstand zwischen Strahlteiler und dem rechten Spiegel betrage 2 m, und die Geschwindigkeit des Michelson-Morley-Apparats relativ zum Äther sei 10000 km/s. Dann gibt die Gleichung an, daß der neue, verkürzte Abstand gleich

$$\begin{matrix}\text{Neuer (verkürzter) Abstand}\\ \text{zwischen Strahlteiler und Spiegel}\end{matrix} = \sqrt{1 - \frac{10000^2}{300000^2}}\; 2 = 1{,}997\,\text{m}$$

ist. Eine Verkürzung von 2 m auf 1,997 m stellt so gut wie gar keinen Unterschied dar, obwohl man 10000 km/s kaum eine geringe Geschwindigkeit nennen kann. Aber es ist tatsächlich so, daß eine deutliche Längenveränderung erst dann überhaupt festzustellen ist, wenn sich der Michelson-Morley-Apparat nahezu mit Lichtgeschwindigkeit bewegt. Man nehme zum Beispiel an, die Geschwindigkeit des Apparats relativ zum Äther sei 280000 km/s. Dann ist der neue, verkürzte Abstand:

$$\begin{matrix}\text{Neuer (verkürzter) Abstand}\\ \text{zwischen Strahlteiler und Spiegel}\end{matrix} = \sqrt{1 - \frac{280000^2}{300000^2}}\; 2 = 0{,}718\,\text{m}$$

Wenn wir das Michelson-Morley-Experiment durchführen könnten, während wir uns mit 280 000 km/s relativ zum Äther bewegten, dann dürften wir erwarten, den Abstand von Strahlteiler und Spiegel auf 0,718 m schrumpfen zu sehen. Wenn wir allerdings versuchten, diesen neuen Abstand zu messen, würden wir leider feststellen, daß er immer noch 2 m beträgt, weil wir die Messung notwendigerweise mit einem gleichermaßen geschrumpften Zollstock vornehmen müßten. Das waren die seltsamen Voraussagen der ersten Gleichung von Hendrik A. Lorentz.

In seiner zweiten Gleichung sagte er, daß Schrumpfungen nur in Bewegungsrichtung auftreten, daß also zwischen dem Strahlteiler und dem Spiegel, der quer zum Ätherstrom reflektiert, keine Schrumpfung stattfindet. Kurz gesagt: Rechtwinklig zu der Richtung der Bewegung tritt keine Schrumpfung auf.

Neuer Abstand zwischen Strahlteiler und Spiegel quer zur Strömung	=	Gemessener Abstand zwischen Strahlteiler und Spiegel quer zur Strömung

Gleichung 2

In seiner dritten Gleichung sagte Lorentz, daß zwischen dem Strahlteiler und allem, was darunter oder darüber liegen mag, keine Schrumpfung auftritt. Womit er im Grunde einfach wiederholt, daß rechtwinklig zur Bewegungsrichtung keinerlei Schrumpfungen auftreten.

Neuer Abstand zwischen Strahlteiler und allem, was darüber oder darunter liegt	=	Gemessener Abstand zwischen Strahlteiler und allem, was darüber oder darunter liegt

Gleichung 3

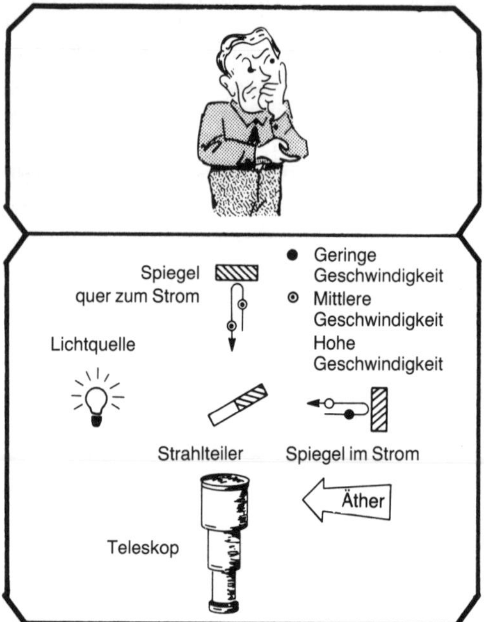

Beim Michelson-Morley-Experiment ging man davon aus, daß ein Photon, das gegen die Ätherströmung zu einem stromaufwärts gelegenen, also hier dem rechten Spiegel und zurück fliegt, für seinen Weg einen winzigen Sekundenbruchteil länger braucht als ein Photon, das quer zum Ätherwind und zurück fliegt. Beim Flug zum rechten Spiegel wäre das Photon den Verzögerungseffekten der Strömung unterworfen und würde langsamer fliegen, nach der Umkehr jedoch von der Strömung profitieren und schneller fliegen. Im Gegensatz dazu würde ein Photon, das sich quer zur Ätherströmung und zurück bewegt, beide Teile des Weges mit derselben Durchschnittsgeschwindigkeit zurücklegen.

Abb. 3–9.

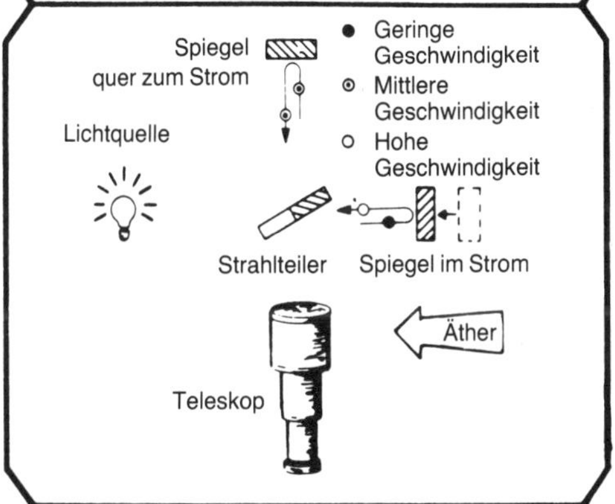

Der Fehlschlag des Michelson-Morley-Experiments ließ Fitzgerald und Lorentz vermuten, daß der Abstand zwischen dem Strahlteiler und dem Spiegel im Strom möglicherweise ein winziges bißchen schrumpfe. Wenn es eine kürzere Strecke zurückzulegen habe, würde ein Photon, das gegen die Ätherströmung zum rechten Spiegel und zurück fliegt, genauso lange brauchen wie ein Photon, das quer zur Ätherströmung und zurück fliegt. Dabei ging man aber noch davon aus, daß ein Photon sich gegen die Strömung langsamer und mit ihr schneller bewegen würde, während das andere Photon quer zur Ätherströmung mit einer mittleren Geschwindigkeit hin und her flöge.

Abb. 3–10.

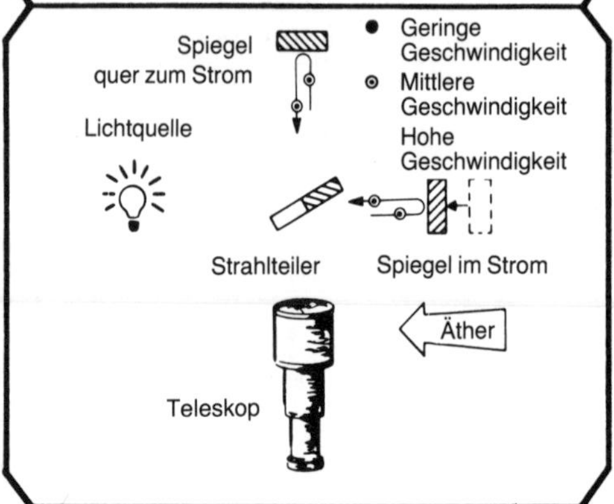

Weil Lorentz vermutete, man könne nie eine Versuchsanordnung ersinnen, um nachzuweisen, daß die Lichtgeschwindigkeit sich mit der Richtung verändere, und weil er immer noch behauptete, daß die Entfernung zwischen dem Strahlteiler und dem Spiegel im Strom ein winziges bißchen kürzer werde, versuchte er zu erklären, wie zwei Photonen, die mit derselben Geschwindigkeit fliegen, in derselben Zeit unterschiedliche Strecken zurücklegen können. Dazu mußte er den Begriff der »künstlichen Zeit« erfinden – die Zeit, die ein Photon für die Rundreise zwischen dem Strahlteiler und dem rechten Spiegel hat. Mit einer Gleichung, die er zur Berechnung dieser Zeit entwickelt hatte, zeigte Lorentz, daß das Photon für seinen Weg vom Strahlteiler bis zum rechten Spiegel weniger Zeit braucht als das Photon, daß sich quer zur Ätherströmung bewegt. Da das überhaupt keinen Sinn ergab, kam Lorentz zu dem Schluß, die »künstliche Zeit« sei ein mathematisches Erfordernis ohne jeglichen Bezug zur Wirklichkeit.

Abb. 3–11.

Abb. 3–12.

Zusammengefaßt behaupten die ersten drei Lorentzschen Gleichungen, daß die vom Michelson-Morley-Apparat erfahrene Schrumpfung nur in einer seiner drei Dimensionen auftritt. Darüber hinaus soll die Schrumpfung exakt so groß sein, daß die beiden Lichtstrahlen ihren jeweiligen Weg in genau derselben Zeit zurücklegen können – ein Umstand, der, wie wir noch sehen werden, Lorentz vor ein viel ernsteres Problem stellte.

Obwohl er überzeugt war, daß der Abstand des Strahlteilers und des Spiegels im Strom geschrumpft war, blieb Lorentz bei der Annahme, daß der Äther das Licht zwinge, sich langsamer zu dem Spiegel im Strom hin zu bewegen als zurück. Da er allerdings akzeptieren mußte, daß das Michelson-Morley-Experiment es ja eben nicht geschafft hatte, nachzuweisen, daß die Lichtgeschwindigkeit sich mit der Richtung ändert, begann Lorentz zu fragen, ob man *überhaupt* ein Experiment ersinnen könne, um zu zeigen, daß sich die Lichtgeschwindigkeit abhängig von der Richtung ändert. Als er zu dem Schluß kam, die Antwort sei nein, stellte Lorentz fest, daß er nun erklären mußte, wie die beiden rechtwinklig zueinander verlaufenden Lichtstrahlen, die sich in jede Richtung mit derselben Geschwindigkeit bewegten, in genau derselben Zeit verschiedene

Strecken zurücklegen konnten. Das gleicht dem Versuch, zu erklären, wie zwei Autos, die beide mit konstanten 80 km/h fahren, in genau einer Stunde verschieden große Strecken zurücklegen können. Um das Dilemma zu lösen, kam Lorentz zu der beunruhigenden Folgerung, daß beide Lichtstrahlen ihre Rundreise in unterschiedlichen Zeitspannen absolvierten! Der Lichtstrahl gegen die Ätherströmung und zurück brauchte weniger Zeit als der Lichtstrahl quer zur Ätherströmung und zurück. Da es sicher schien, daß die Wissenschaftler diese kürzere Zeitspanne nie würden messen können, nannte Lorentz sie eine »künstliche« Zeit – eine Zeit ohne echte physikalische Bedeutung, einen Begriff, der nur ersonnen war, um die Ergebnisse des Michelson-Morley-Experiments zu erklären. Diesen Begriff legte Lorentz in seiner vierten Gleichung nieder:

$$\begin{array}{c}\text{»Künstliche« Zeit des Lichtstrahls}\\ \text{für seine Rundreise zwischen}\\ \text{Strahlteiler und Spiegel im Strom}\end{array} = \sqrt{1-\frac{\left(\begin{array}{c}\text{Geschwindigkeit des}\\ \text{Michelson-Morley-Appa-}\\ \text{rats relativ zum Äther}\end{array}\right)^2}{(\text{Lichtgeschwindigkeit})^2}}\left(\begin{array}{c}\text{Gemessene Zeit des}\\ \text{Lichtstrahls für seine}\\ \text{Rundreise zwischen}\\ \text{Strahlteiler und}\\ \text{Spiegel im Strom}\end{array}\right)$$

Gleichung 4

Da diese Gleichung genauso aussieht wie die erste Gleichung, liefert sie dieselben Ergebnisse. Wenn die Geschwindigkeit des Michelson-Morley-Apparats relativ zum Äther gering ist, besteht kaum ein Unterschied zwischen der gemessenen und der »künstlichen« Zeit. Kommt jedoch die Geschwindigkeit des Apparats der Lichtgeschwindigkeit nahe, besteht ein sehr deutlicher Unterschied zwischen der gemessenen und der »künstlichen« Zeit *(Abb. 3–9, 3–10 und 3–11)*.

Dabei blieb es dann erst einmal. Ganz allgemein wirkte die Vorstellung, daß der Michelson-Morley-Apparat sich in Bewegungsrichtung um genau den richtigen Betrag verkürze, zu künstlich und zu weit hergeholt, um wahr zu sein. Der Begriff der »künstlichen« Zeit wirkte so seltsam, daß selbst sein Schöpfer seine Vorbehalte zum Ausdruck brachte, während er noch die Idee vertrat.

Offenbar war man vom Regen in die Traufe gekommen. Doch wenn man den Begriff des Äthers beibehalten wollte, gab es anscheinend keine andere Erklärung. Die einzige Alternative war, das Konzept des Äthers völlig abzuschaffen. Was aber sollte ihn ersetzen? 1905 kam ein 26 Jahre alter Angestellter des Schweizerischen Patentamts auf die Lösung.

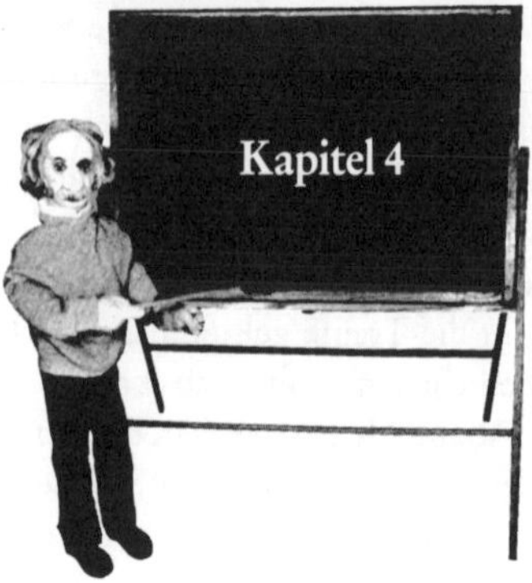

Das Genie

Sein Name war Albert Einstein. Geboren wurde er am 14. März 1879 in Ulm, in einer Familie, die sich nie akademisch oder intellektuell hervorgetan hatte. Ein Jahr nach seiner Geburt zog die Familie nach München. Dort gründeten sein Vater Hermann Einstein und sein Onkel Jakob Einstein eine elektrochemische Fabrik. Ein Jahr nach dem Umzug wurde Alberts Schwester Maja geboren. Die beiden blieben die einzigen Kinder von Hermann und Pauline (geb. Koch) Einstein *(Abb. 4–1 und 4–2)*.

Als Kind zeigte Albert keine besonderen Anzeichen eines Genies. Er lernte später sprechen als die meisten Kinder und antwortete noch mit neun Jahren nur zögernd, wenn er gefragt wurde. Seine Mutter stammte aus einer gutsituierten Familie, und sie weckte in ihrem Sohn die Liebe zur klassischen Musik. Mit sechs Jahren fing er an, Geigenunterricht zu nehmen, und wurde als Erwachsener zu einem recht kompetenten Amateurmusiker. Als er sieben Jahre alt war, fing sein Onkel Jakob, ein Ingenieur, an, ihn Algebra zu lehren. Und mit dreizehn Jahren führte ihn ein junger Medizinstudent und Freund der Familie, Max Talmey, in Physik und Philosophie ein. Später schrieb Talmey, daß Albert seine philosophischen Lektionen schnell aufnahm und ein nachdrückliches Interesse an den philosophischen Schriften von Immanuel Kant zeigte. Doch trotz dieser Interessen ließen Alberts schulische Leistungen sehr zu wünschen übrig. Seine tiefe Abneigung gegen die formalen, starren Methoden, die in den deutschen Schulen damals üblich waren, zeigte sich in seinem Verhalten nur zu deutlich *(Abb. 4–3)*.

Als er sechzehn war, mußte die väterliche Fabrik schließen, worauf die Familie nach Italien zog. Albert jedoch wurde allein in Deutschland gelassen, um sein Abitur zu machen – eine Situation, die er unerträglich fand. Nach sechs Monaten kam er zu dem Schluß, er habe genug vom Luitpold-Gymnasium und vom Alleineleben. Er suchte einen Arzt auf und verschaffte sich ein Attest, das besagte, er hätte einen Nervenzusammenbruch erlitten. Dann ging er zu seinem Mathematiklehrer und besorgte sich eine Bestätigung, aus der hervorging, daß seine mathematischen Fähigkeiten für den Eintritt in eine Universität ausreichten, auch wenn er noch keinen Schulabschluß habe. Mit diesen beiden Schriftstücken wollte er gerade die Schule verlassen, als man ihm mitteilte, er sei entlassen. Man sagte ihm, seine Anwesenheit im Klassenzimmer störe die anderen Schüler.

Abb. 4–1. Einsteins Eltern Hermann und Pauline Einstein. Das Paar bot seinen beiden Kindern ein glückliches und behagliches Zuhause. Hermann war ein jovialer, optimistischer Mann, der stets von geschäftlichen Schwierigkeiten geplagt war. Pauline hatte künstlerische Neigungen und war zeitlebens dem Klavierspiel zugetan.

Abb. 4–2. Albert mit vierzehn und seine Schwester Maja mit zwölf Jahren. Die beiden blieben zeit ihres Lebens beste Kameraden. Als Maja im Dezember 1951 starb, schrieb Einstein: »... ich vermisse sie mehr, als man sich vorstellen kann.«

Albert ging nach Italien und schloß sich seiner Familie in Mailand an, und während des folgenden Jahres tat er im Grunde nichts – bis auf ein wenig Bergsteigerei und ein bißchen mathematischen Selbstunterricht. Am Ende dieses Jahres mußte der väterliche Betrieb abermals schließen. Da seinem Vater nun klar wurde, daß für seinen Sohn die Zeit gekommen war, sich auf eigene Füße zu stellen, ermutigte er ihn, sich beim Polytechnischen Institut in Zürich zu bewerben und Elektroingenieurwesen zu studieren. Albert unterzog sich der Aufnahmeprüfung und fiel durch. Der mathematische Teil allerdings gelang ihm so gut, daß man ihm sagte, er könne ohne weitere Prüfung das Studium an der Universität aufnehmen, wenn er sich verpflichte, einen Gymnasialabschluß zu machen. Infolgedessen schrieb er sich in einem Gymnasium in Aarau ein, einem wenige Kilometer westlich von Zürich gelegenen Städtchen, und machte am Jahresende seinen Schulabschluß.

1896 trat er ins Zürcher Polytechnikum ein, wo er vier unauffällige Jahre verbrachte. Seinen Weg durch das Studium bahnte er sich größtenteils mit Hilfe seiner Freunde. Einer dieser Freunde, Marcel Großmann, ein Mathematiker, der später mit Einstein zusammenarbeiten sollte, machte sich sehr detaillierte und penible Notizen. Einstein studierte diese Aufzeichnungen, um mehrere wichtige Prüfungen zu bestehen. Im August 1900 machte er sein Diplom mit einer Durchschnittsnote von 4,91 (bei bestenfalls 6,00).

Einem typischen Absolventen des Polytechnikums wie Einstein gelang es in der Regel, bei irgendeiner Universität eine Stelle als Assistent eines Professors zu erhalten. Viele seiner Kommilitonen bekamen tatsächlich solche Stellen, doch Einstein hatte nicht so viel Glück. Der Grund dafür hatte mehr mit Einsteins Persönlichkeit in jenen Jahren als mit seinen intellektuellen Fähigkeiten zu tun. Einsteins späteres Bild in der Öffentlichkeit, das eines gutmütigen, freundlichen Professors, steht in krassen Gegensatz zu dem jungen Mann im Universitätsalter. Nach seiner Diplomierung sagte ihm ein Professor: »Sie sind ein schlauer Bursche! Aber Sie haben einen Fehler. Sie lassen sich nie etwas sagen...« Jahre später beschrieb Einstein sich selbst während jener Zeit als »unordentlichen Tagträumer... reserviert und mürrisch, nicht sehr beliebt.« Nachdem ihn jeder Professor des Polytechnikums zurückgewiesen hatte, begann er, anderswo zu suchen.

Während der nächsten zwei Jahre hatte er verschiedene Stellungen, darunter auch die eines Lehrers und Nachhilfelehrers. Außer-

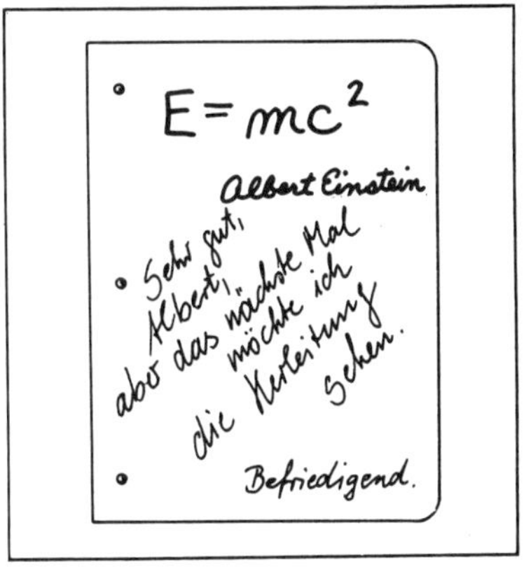

Abb. 4–3. Ein Beitrag von Warren K. Heyer.

Abb. 4–4. Albert Einstein an seinem Arbeitsplatz im Patentamt. Man hat von ihm gesagt, er habe eher wie ein Künstler als wie ein Wissenschaftler gedacht. Statt eine gute Theorie als richtig oder genau zu bezeichnen, nannte er sie schön.

dem veröffentlichte er im Dezember 1900 seine erste Arbeit, *Folgerungen aus den Kapillaritätserscheinungen*, in den *Annalen der Physik*. Aber zum größten Teil waren diese beiden Jahre entmutigend und schwierig. Ein Stipendium von Verwandten, das ihn während des Studiums unterstützt hatte, stand nun nicht mehr zur Verfügung, die Bemühungen, eine feste Stellung zu finden, hatten keinen oder geringen Erfolg, und die Zeiten der Arbeitslosigkeit waren nicht selten für ihn.

Abermals kam Marcel Großmann zu Hilfe. Großmann tat sein Freund leid, und er sprach mit seinem Vater, der zufällig mit Friedrich Haller, dem Direktor des Schweizerischen Patentamts, befreundet war. Großmann senior schaffte es, Haller das Versprechen abzugewinnen, den jungen Einstein zu einem Vorstellungsgespräch zu bitten, wenn eine Stelle frei werde. Nach einiger Zeit wurde Einstein vorgeladen, und man bot ihm einen Posten an, den er gerne annahm. Am 23. Juni 1902 trat er als Patentprüfer mit dem Titel eines »Technischen Experten Dritter Klasse« in den Dienst.

Seine Stelle als Patentprüfer behielt Einstein sieben Jahre lang – Jahre, die er später als einige der glücklichsten seines Lebens bezeichnen sollte *(Abb. 4–4)*. Am 6. Januar 1903 heiratete er Mileva Maric, eine Kommilitonin vom Züricher Polytechnikum. Im selben Jahr wurde Hans Albert, ihr erster Sohn, geboren *(Abb. 4–5)*. Während dieser Zeit führte Albert Einstein das Leben eines unbemittel-

Abb. 4–5. Einsteins erste Frau Mileva Maric mit ihren Söhnen Hans Albert (rechts) und Eduard. Nach ihrer Scheidung behielt Mileva den Namen Einstein. Sie lebte noch ein Vierteljahrhundert, in dem sie ihren jüngeren Sohn pflegte, bei dem man Schizophrenie diagnostiziert hatte. Hans Albert ließ sich schließlich in den USA nieder und wurde Professor für Wasserbau in Berkeley.

ten Beamten. Nach seinem achtstündigen Arbeitstag pflegte er nach Hause zu kommen und sich in die Physik zu stürzen. Freunde, die ihn während jener Jahre besuchten, sagten, in der Regel hätten sie ihn inmitten eines Meeres von Büchern und Papieren bei intensiv konzentrierter Lektüre angetroffen, und während das Zimmer nach einer abscheulichen Zigarre stank, saß er versunken da und schaukelte seinen Sohn in einer Babybadewanne. Er veröffentlichte weiterhin Arbeiten und sandte 1905 fünf Arbeiten an die *Annalen der Physik,* die in ihrer Gesamtheit die Physik wie die Philosophie gleichermaßen revolutionierten.

Mit seinem ersten Aufsatz von 1905, *Eine neue Bestimmung der Moleküldimensionen,* erhielt er die philosophische Doktorwürde der Universität Zürich. Dies war der am wenigsten herausragende der fünf Aufsätze, die er in jenem Jahr veröffentlichte. In seiner zweiten Arbeit, *Über die von der molekularkinetischen Theorie der Wärme geforderte Bewegung von in ruhenden Flüssigkeiten suspendierten Teilchen,* bestätigte er die Existenz der Moleküle. (Sogar noch 1905 gab es Physiker, die daran zweifelten.) In seiner dritten Arbeit, *Über einen die Erzeugung und Verwandlung des Lichtes*

Abb. 4–6. Elsa Löwenthal, Einsteins zweite Frau. Mütterlich, beschützend und anspruchslos, war sie in vieler Hinsicht die ideale Frau für den weltberühmten Einstein. Einmal sagte sie: »Ich kann mich nur um seine Angelegenheiten kümmern, ihm die geschäftlichen Dinge abnehmen und dafür sorgen, daß er bei seiner Arbeit nicht gestört wird.«

betreffenden heuristischen Gesichtspunkt, vertrat er die These, daß Licht aus Energiebündeln, den sogenannten Quanten, bestehe – später sollten sie Photonen genannt werden. Diese Arbeit legte das theoretische Fundament für das, was schließlich die photoelektrische Zelle werden sollte. Seine vierte Arbeit aus jenem Jahr, *Zur Elektrodynamik bewegter Körper,* enthielt die Prinzipien der Speziellen Relativitätstheorie. Und in seiner fünften Arbeit, *Ist die Trägheit eines Körpers von seinem Energieinhalt abhängig?*, schrieb er seine berühmte Formel $E = mc^2$ nieder. Obwohl es einige Physiker gab, die die Bedeutung dieser Aufsätze sofort erkannten, brauchten die meisten sehr lange, um ihre revolutionären Ideen zu verarbeiten. Es bedarf keiner Erwähnung, daß die Schriften im Patentamt völlig unbeachtet blieben. Am 1. April 1906 wurde Albert Einstein vom Technischen Experten Dritter Klasse zum Technischen Experten Zweiter Klasse befördert!*

1907 schlug Alfred Kleiner, ein Professor an der Zürcher Universität, Einstein vor, er solle sich doch um eine Stellung als Privatdozent an der Universität von Bern bewerben. Eine Privatdozentur war ein Lehramt mit einem nominellen Gehalt, das man innehaben mußte, bevor man in die Fakultät einer Universität aufgenommen werden konnte. Mit seiner Bewerbung schickte Einstein seine Arbeit über die Relativität ein. Er wurde mit der Rechtfertigung abgelehnt, seine Arbeit sei unverständlich. Erst als Kleiner für ihn intervenierte, wurde er 1908 zum Privatdozenten ernannt. Im Frühling 1909 wurde er, nachdem er weiteren Widerstand überwunden hatte, zum außerordentlichen Professor der Universität Zürich ernannt.

Als sich seine Ideen nun allmählich verbreiteten, wurde Einstein schnell zu einem der wichtigsten europäischen Physiker. 1911 wurde er ordentlicher Professor an der deutschen Universität zu Prag. Doch stets bemüht, in der Nähe der Menschen zu sein, die ihm

---

* Natürlich hatte Einsteins Interesse an der Physik für Friedrich Haller keine Bedeutung. Doch mittlerweile hatte Haller Einstein als Mitarbeiter schätzen gelernt und brachte sein Bedauern zum Ausdruck, als dieser das Patentamt 1909 verließ.

Abb. 4–7. Albert Einstein (circa 1920). Als man ihn einmal fragte, wo sein Labor liege, nahm er einen Füllfederhalter aus der Brusttasche und sagte lächelnd: »Hier«.

bei seiner Arbeit helfen konnten, zog Einstein im Winter 1912 wieder nach Zürich, um eine Professur an seiner Alma mater, dem Polytechnikum, anzutreten. Hier konnte er mit seinem alten Freund

Marcel Großmann an einer neuen Theorie der Schwerkraft arbeiten, die er die Allgemeine Relativitätstheorie nannte. Am besten kommt der dazu erforderliche immense Arbeitsaufwand vielleicht in einem Brief an einen Kollegen zum Ausdruck:

»Zur Zeit bin ich ausschließlich mit dem Problem der Gravitation beschäftigt und hoffe, alle Schwierigkeiten zu überwinden. Niemals in meinem Leben wurde ich so gequält. Eine gewaltiger Respekt vor der Mathematik ist in mir erweckt worden, deren subtilere Aspekte ich in meiner Dummheit bislang als reinen Luxus betrachtete. Verglichen mit dem Problem der Gravitation ist das ursprüngliche Problem der Relativität ein Kinderspiel.«

1913 veröffentlichten Einstein und Großmann eine Arbeit mit dem Titel *Entwurf einer verallgemeinerten Relativitätstheorie und eine Theorie der Gravitation.* Obwohl der Aufsatz zeigte, daß Fortschritte gemacht wurden, war die Arbeit an der Theorie der Schwerkraft alles andere als abgeschlossen. Einstein plagte sich noch drei weitere Jahre, bevor er endlich *Die Grundlagen der allgemeinen Relativitätstheorie* veröffentlichte, eine Arbeit, die ihn schließlich zum berühmtesten Wissenschaftler der Welt machen sollte.

Im Sommer 1913 wurde Einstein eine Stellung als Direktor des neugegründeten Kaiser-Wilhelm-Instituts angeboten, eine Stellung, in der er nach seinem Belieben lehren und forschen konnte. Obwohl er dafür wieder nach Deutschland ziehen mußte, war das Angebot zu gut, um es abzulehnen. Zunächst einmal war das Gehalt ausgezeichnet; und obwohl Einstein nie viel am Geld lag, hatte er mittlerweile zwei Söhne zu versorgen (sein zweiter Sohn, Eduard, wurde 1910 geboren). Doch der verlockendste Aspekt des Angebots war vielleicht, daß er keine Vorlesungen halten mußte und all seine Energie der Allgemeinen Relativitätstheorie widmen konnte. Trotz alledem wurde sein Widerwille gegen Deutschland abermals evident, als es um die Frage der Staatsangehörigkeit ging. Nachdem er Deutschland mit 16 Jahren verlassen hatte, hatte Einstein auf seine deutsche Staatsangehörigkeit verzichtet und war zum Schweizer Bürger geworden. Nun war er nur unter der Bedingung bereit, nach Deutschland zurückzukehren, daß man ihn nicht zwinge, wieder ein deutscher Staatsangehöriger zu werden. Als ihm das zugestanden wurde, trat er im April 1914 seine neue Stellung an.

Einsteins Ehe mit Mileva war nie eine besonders glückliche Verbindung gewesen, und mit dem Umzug nach Deutschland verschlechterte sich ihre Beziehung noch. Im Sommer 1914 kehrten Mileva und die Söhne für die Ferien nach Zürich zurück, während Einstein in Berlin blieb. Als im August der Krieg ausbrach, wurde beschlossen, daß die Familie getrennt bleiben solle – eine Trennung, die schließlich zur Scheidung führte. Obwohl Einstein froh war, von Mileva befreit zu sein, hatte er nicht die Absicht, die Kinder unter der Trennung leiden zu lassen. Während des Krieges wurde es zu einer Hauptbeschäftigung Einsteins, Geld für den Unterhalt seiner Söhne aus Deutschland heraus in die neutrale Schweiz zu transferieren. Das Geld, das zu seinem Nobelpreis für Physik (1921) gehörte, wurde ebenfalls Mileva für ihren und der Kinder Unterhalt übergeben.

1919 heiratete Einstein wieder, diesmal Elsa Löwenthal, die verwitwete Tochter eines Cousins väterlicherseits und Mutter zweier Töchter *(Abb. 4–6)*. Dies war auch das Jahr, da er weltweit zu einer Figur der Öffentlichkeit wurde *(Abb. 4–7)*. Doch wollen wir unserer Geschichte nicht vorgreifen. Nun, da wir das große Monument erreicht haben, das man die Relativitätstheorie nennt, wollen wir versuchen, seine Höhen zu erklimmen.

Die Spezielle Relativitätstheorie

Einsteins bedeutende Arbeit, die unter dem Titel *Zur Elektrodynamik bewegter Körper* erschien, bewirkte eine völlige Revision der grundlegenden Fundamente der Physik. Was mit solch grandioser Behauptung gemeint ist? Um das herauszufinden, müssen wir zunächst fragen: Was genau tun eigentlich Physiker? Die Antwort lautet, daß sie tun, was eigentlich alle Naturwissenschaftler tun: Sie messen Dinge. Was sie auch messen, sei es nun Geschwindigkeit, Beschleunigung, Kraft oder irgend etwas anderes, läßt sich meistens auf die Einheiten von Länge, Masse und Zeit zurückführen *(Abb. 5–1).* Deswegen bezeichnet man das metrische System auch als MKS-System (für *M*eter, *K*ilogramm und *S*ekunde). Wir wollen ein paar Beispiele betrachten, um zu illustrieren, warum die meisten Messungen sich fast immer auf die Einheiten von Länge, Masse und Zeit reduzieren lassen.

Es ist durchaus nichts Ungewöhnliches, wenn wir mit einer Geschwindigkeit von 50 *km/h* durch die Gegend fahren. Man kann die Geschwindigkeit also in Einheiten von Länge und Zeit zerlegen, nämlich Kilometer und Stunden. Wenn wir während einer Stunde die Geschwindigkeit sehr, sehr langsam von 50 km/h auf 80 km/h steigern, beträgt die Beschleunigung 30 Kilometer pro Stunde. Mit anderen Worten: In jeder Stunde steigern wir unsere Geschwindig-

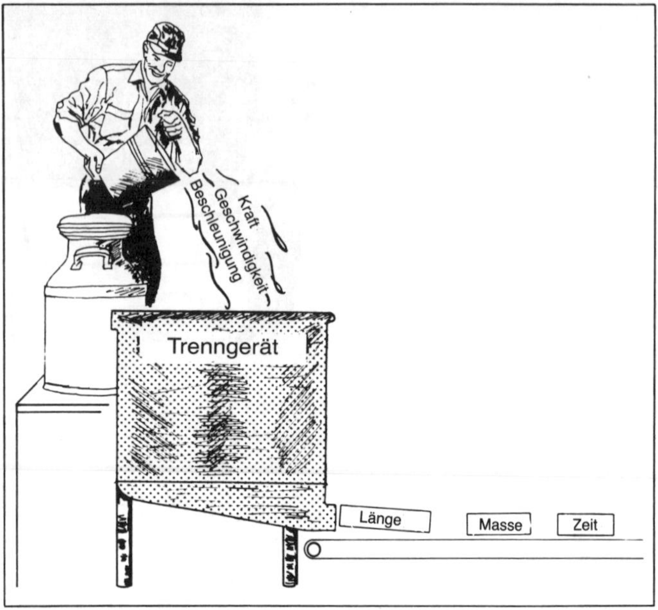

Abb. 5–1. Was immer Physiker auch messen, läßt sich in der Regel in die Einheiten von Länge, Masse und Zeit trennen.

keit um 30 km/h. Wenn die Beschleunigung mit der Einheit km/h/h angegeben wird, ist leicht zu erkennen, daß auch die Beschleunigung sich wie die Geschwindigkeit in die Einheiten von Länge und Zeit zerlegen läßt.

Wenn wir einen Ball schleudern, schwingen wir den Arm und lassen den Ball los. Anders gesagt: Wir beschleunigen den Ball von 0 km/h auf, sagen wir, 35 km/h im Moment des Loslassens. Im 17. Jahrhundert erkannte Isaac Newton, daß die Kraft, die wir beim Werfen eines Balls ausüben, sich berechnen läßt, indem man die Beschleunigung des Balls mit seiner Masse multipliziert:

$$\text{Kraft} = \text{Masse} \times \text{Beschleunigung}$$

Wie wir oben gesehen haben, läßt sich die Beschleunigung in die Einheiten von Länge und Zeit zerlegen. Daher kann man die Kraft, eine Kombination von Masse und Beschleunigung, in die Einheiten von Masse, Länge und Zeit zerlegen.

Da Masse, Länge und Zeit grundlegende Maßeinheiten sind, sollte es nicht überraschen, daß jede Veränderung unserer Vorstellung bezüglich dieser Einheiten auf eine Veränderung der grundlegenden Fundamente der Physik hinausläuft. In der Speziellen Relativitätstheorie gelang es Einstein, unser Konzept von Länge, Masse und Zeit zu verändern – und deswegen sagen wir, daß er die grundlegenden Fundamente der Physik verändert hat.

Die Spezielle Relativitätstheorie entstand aufgrund von Einsteins Erkenntnis, daß im Universum zwei Tatsachen gültig sind, die von Wissenschaftlern noch nie erkannt worden waren, dabei aber so wichtig waren, daß man sie mittlerweile als unumstößliche Naturgegebenheiten ansehen konnte.

Die erste Tatsache ist:

> Es ist unmöglich, die Bewegung der Erde oder irgendeines anderen Himmelskörpers relativ zu einem Äther festzustellen, von dem man annimmt, daß er im Universum absolut stillsteht. Infolgedessen ist es auch unmöglich, zu wissen, ob ein Himmelskörper wirklich ruht oder sich im Universum bewegt.

Die zweite Tatsache ist:

> Die Geschwindigkeit des Lichts bleibt gleich, unabhängig davon, ob die Lichtquelle sich bewegt oder nicht oder ob der Beobachter sich bewegt oder nicht.

Mit seiner ersten Aussage meinte Einstein, daß das Michelson-Morley-Experiment die absolute Bewegung der Erde nicht habe bestimmen können, weil kein Experiment, so ausgeklügelt und genau ausgeführt es auch sei, je die absolute Bewegung der Erde bestimmen könne. Das Universum sei einfach so angelegt, daß der Mensch nie wissen könne, wie schnell die Erde sich relativ zum Weltall bewege. Da wir aber die absolute Bewegung der Erde nicht feststellen können, werden wir auch nie wissen, ob der Äther existiert oder nicht.

Doch wie wir sehen werden, erweist sich der ganze Aufwand, den Äther nachzuweisen, als überflüssig: es spielt keine Rolle, ob er existiert oder nicht.

Bei der zweiten Aussage ließ Einstein sich von seiner bemerkenswerten Intuition leiten – einer Intuition, in der die Welt später sein Genie erkennen sollte. Um würdigen zu können, wie bemerkenswert diese Intuition tatsächlich war, werden wir auf die zweite Aussage detaillierter eingehen.

Kehren wir zu dem offenen Güterwagen zurück, und stellen wir uns vor, daß ein Freund an dessen Ende vor dem nächsten Wagen steht. Der Zug steht völlig still, und unser Freund, der zur Spitze des Zuges schaut, wirft einen Ball mit 30 km/h in Richtung der Lokomotive *(Abb. 5–2)*. Da wir neben den Gleisen auf der Erde stehen, sehen wir den Ball mit 30 km/h durch unser Gesichtsfeld fliegen. Natürlich sieht auch unser Freund den Ball mit 30 km/h seine Hand verlassen. Fährt aber der Zug mit 20 km/h und wirft unser Freund den Ball mit 30 km/h nach vorne, sieht er den Ball mit 30 km/h seine Hand verlassen, wir jedoch sehen den Ball mit 50 km/h durch unser Blickfeld fliegen *(Abb. 5–3)*. Aufgrund der Bewegung des Zuges hatte der Ball schon eine Geschwindigkeit von 20 km/h, bevor er auch nur die Hand unseres Freundes verließ. Als er dann den Ball warf, erhielt dieser eine zusätzliche Geschwindigkeit von 30 km/h, und infolgedessen fliegt er nach unserer Beobachtung mit 50 km/h.

Abb. 5–2. Wenn der Zug steht, sehen der Mann auf dem Güterwagen und der Beobachter den Ball mit 30 km/h fliegen.

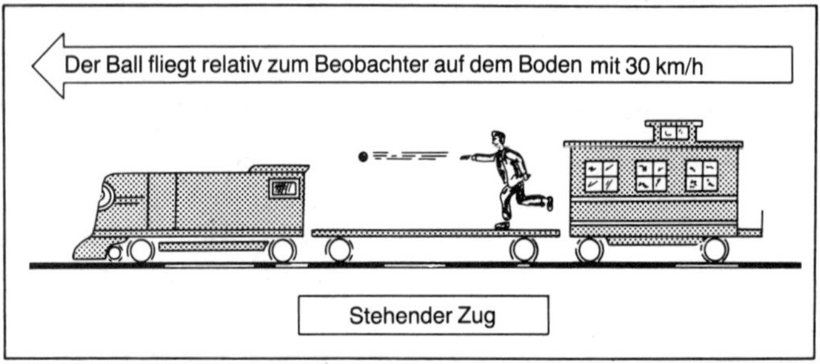

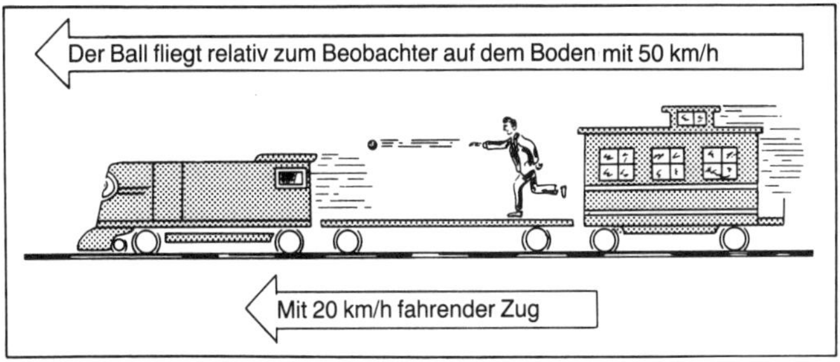

Abb. 5–3. Wenn der Zug fährt, sieht der Mann auf dem Güterwagen den Ball mit 30 km/h und der Beobachter auf dem Boden ihn mit 50 km/h fliegen.

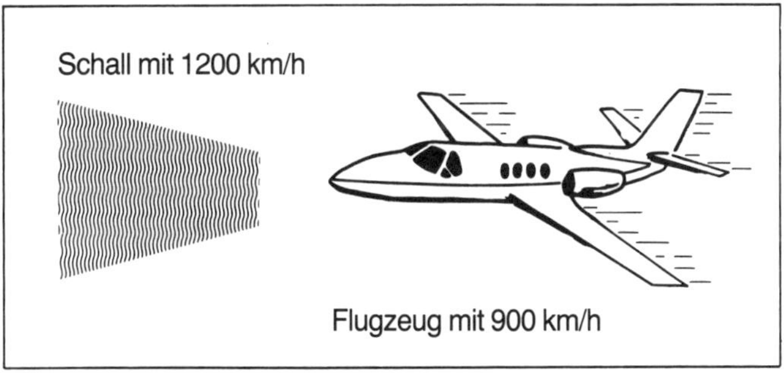

Abb. 5–4. Wenn ein Flugzeug mit 900 km/h fliegt, bewegt sich das Motorengeräusch um 300 km/h schneller als das Flugzeug.

Abb. 5–5. Wenn ein Flugzeug mit 1500 km/h fliegt, bewegt sich das Motorengeräusch 300 km/h langsamer als das Flugzeug.

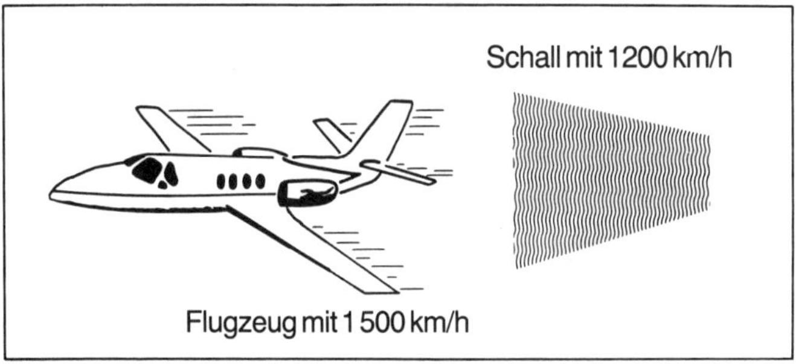

Das entspricht soweit alles unserer täglichen Erfahrung, und bietet keinerlei Anlaß zur Unruhe.

Die Schallgeschwindigkeit hängt allein von dem Medium ab, in dem der Schall sich fortpflanzt, und das ist in der Regel die Luft. Schall pflanzt sich in der Luft mit etwa 1200 km/h fort – unabhängig davon, wie schnell die Schallquelle sich bewegt. Der Pilot eines Düsenflugzeugs, das mit 900 km/h fliegt, würde feststellen, daß das Geräusch seines Flugzeugs sich nur mit 300 km/h vor ihm herbewegt *(Abb. 5–4)*. Flöge der Pilot mit 1500 km/h, dann würde er den Lärm seiner Maschine überholen *(Abb. 5–5)*. Dieses Phänomen wurde im 2. Weltkrieg dramatisch illustriert, als die Nazis London mit V-2-Raketen angriffen. Diese Raketen flogen schneller als der Schall, und das Pfeifen der anfliegenden Raketen hörte man erst, nachdem sie explodiert waren.

Nun verhält sich Einstein zufolge ein Photon weder wie der Ball auf dem Güterwagen noch wie der Schall, den ein Düsenflugzeug von sich gibt. Man stelle sich ein UFO vor, das nahezu mit Lichtgeschwindigkeit fliegen kann und mit Landescheinwerfern ausgestattet ist. Wenn das UFO bewegungslos auf der Landebahn steht und der Pilot die Landelichter einschaltet, »sieht« er, wie sich ein Photon mit ca. 300000 km/s vom UFO wegbewegt *(Abb. 5–6)*. Wenn wir unmittelbar neben dem UFO stehen, sehen auch wir, wie sich das

Abb. 5–6. Ein Photon, das eine ruhende Lichtquelle verläßt, bewegt sich mit 300000 km/s.

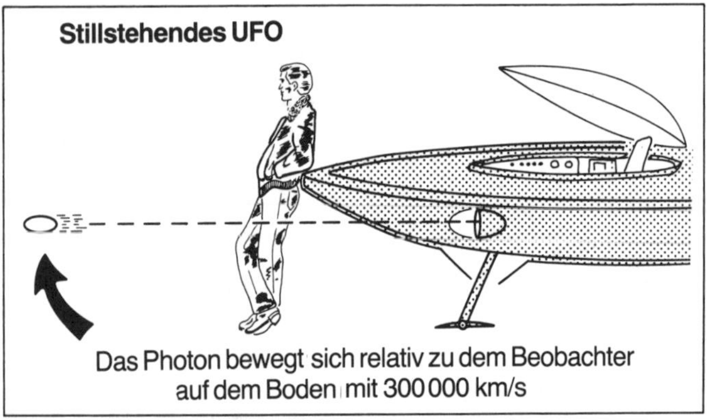

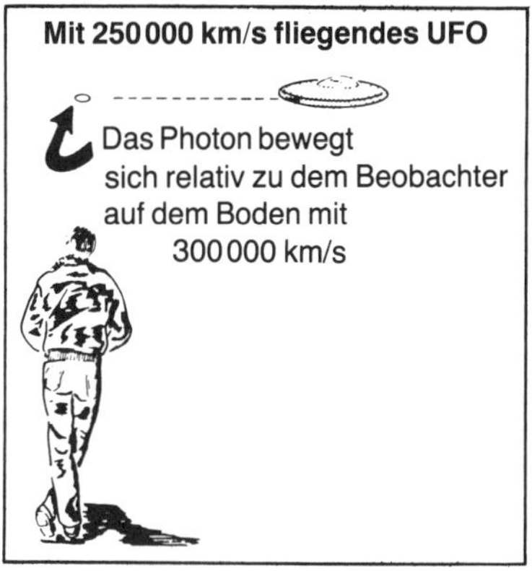

Abb. 5–7. Ein Photon, das eine sich bewegende Lichtquelle verläßt, bewegt sich ebenfalls mit 300000 km/s.

Photon mit 300000 km/s von ihm wegbewegt. Fliegt aber das UFO mit 250000 km/s durch unser Blickfeld und der Pilot schaltet die Landelichter ein, sieht er weiterhin ein Photon, das sich mit 300000 km/s vom UFO entfernt; nach Einstein sehen dann aber auch wir, wie sich das Photon mit 300000 km/s vom UFO fortbewegt – und nicht etwa mit 550000 km/s (300000 plus 250000)! Natürlich widerspricht das ganz und gar unserem gesunden Menschenverstand *(Abb. 5–7).*

Es überrascht sicherlich nicht, daß der Pilot das Photon mit 300000 km/s wegfliegen sieht, unabhängig davon, ob das UFO in Bewegung ist oder nicht – schließlich sah auch unser Freund auf dem Güterwagen, daß der Ball sich mit 30 km/h von ihm entfernte, ob der Zug nun fuhr oder nicht. Wir hingegen konnten sehen, daß der Ball mit 30 km/h durch unser Blickfeld flog, wenn der Zug stand, und mit 50 km/h, wenn der Zug fuhr. Nun ist es aber so, daß auch für uns das Photon mit 300000 km/s vom UFO fortfliegt, ob dieses sich nun bewegt oder nicht. Nachdem Einstein mehr als zehn Jahre über diese Angelegenheit nachgedacht hatte, kam er zu dem Schluß, daß wir genau das feststellen würden.

Das Bemerkenswerteste daran ist, daß Einstein über keinerlei experimentelle Belege verfügte, die ihn zu diesem bizarren Schluß hätten führen können. Im Wesentlichen handelte es sich um eine Übung in Intuition. Erst 1913, acht Jahre nach seiner Publikation,

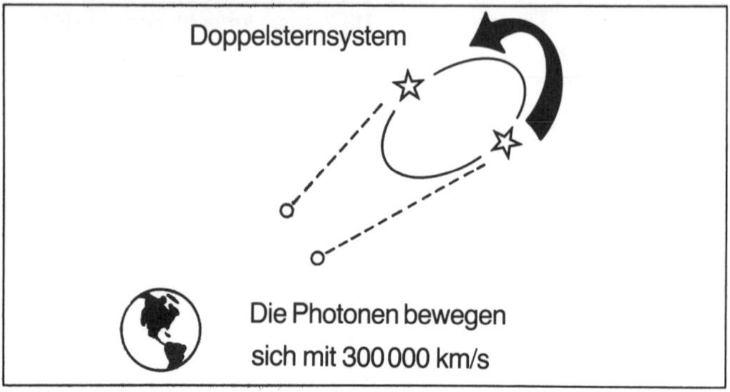

Abb. 5–8. In einem Doppelsternsystem bewegt sich der eine Stern von der Erde weg, der andere auf sie zu. Trotzdem erreichen die von beiden Sternen emittierten Photonen die Erde mit 300000 km/s.

konnten Astronomen beobachten, daß die Lichtgeschwindigkeit unabhängig von der Bewegung der Lichtquelle ist. Bei ihren Beobachtungen von Doppelsternen (zwei Sternen, die einander umkreisen) stellten die Astronomen fest, daß die Geschwindigkeit des

Abb. 5–9. Ein ruhender Beobachter sieht, wie sich ein Photon mit 300000 km/s vom Stern entfernt.

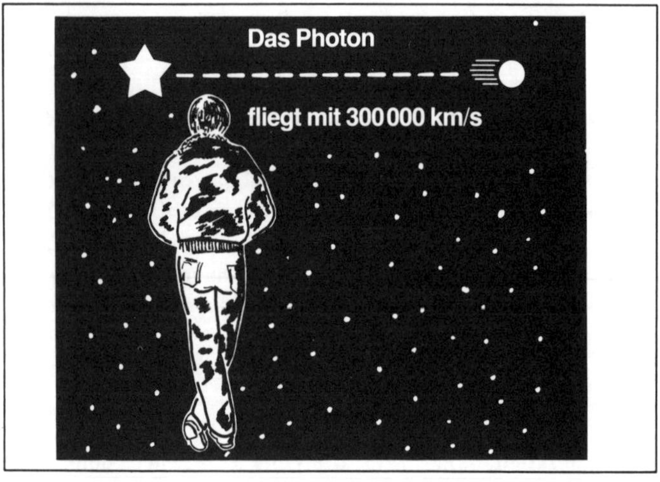

Lichts von beiden Sternen dieselbe war, obgleich der eine sich auf die Erde zu und der andere sich von ihr weg bewegte *(Abb. 5–8)*.

Ebenso wie die Lichtgeschwindigkeit unabhängig von der Bewegung der Lichtquelle gleich bleibt, bleibt sie es auch unabhängig von der Bewegung des Beobachters. Könnten Sie das Licht eines Sterns beobachten, das Ihr Blickfeld durchquert, würden Sie bemerken, daß es sich mit 300000 km/s bewegt *(Abb. 5–9)*. Wären Sie ein Passagier in einem UFO, das mit 250000 km/s an dem Stern vorbeifliegt, würden Sie bei einem Blick aus dem Fenster das Licht dieses Sterns immer noch mit 300000 km/s Ihr Blickfeld durchqueren sehen *(Abb. 5–10)*. Offenbar läuft alles darauf hinaus, daß die Lichtgeschwindigkeit unter allen Umständen konstant ist.

Von diesen zwei universell gültigen Tatsachen ausgehend, die die Wissenschaftler bislang übersehen hatten, war Einstein nun in gewissem Sinn gezwungen, die Begriffe von Masse, Länge und Zeit zu verändern. Wie wir gerade gesehen haben, widersprach eine dieser Tatsachen absolut dem gesunden Menschenverstand. Vor 1905 hatte die Wissenschaft Aussagen gemacht, die zumindest richtig »klangen«. Zum Beispiel war Newtons drittes Bewegungsgesetz, demzufolge es für jede Kraft eine gleich große und entgegengesetzte Gegenkraft gibt, etwas, das man täglich am Billardtisch beobachten konnte. Doch von nun an sollte der Mensch es mit einem Universum zu tun haben, in dem mehr erforderlich war als ein scharfes Auge

Abb. 5–10. Ein sich bewegender Beobachter sieht das Photon ebenfalls mit 300000 km/s von dem Stern wegfliegen.

und brillante Einsichten, um die Geheimnisse der Natur zu entschlüsseln. Man würde sich immer mehr auf die Regeln der Logik und Mathematik verlassen müssen, um in diesem neuen, abstrakten Universum, mit dessen kartographischer Erfassung Einstein begonnen hatte, erfolgreich navigieren zu können.

Da er von Abstraktem ausgegangen war, verwundert es nicht, daß Einstein auch mit Abstraktem aufhörte. Die Schlußfolgerungen, zu denen er in der Speziellen Relativitätstheorie kam, scheinen genauso unsinnig wie das Verhalten eines Photons. Strenge Anwendung von Logik und Mathematik ist die einzige Möglichkeit, zu diesen Schlußfolgerungen zu gelangen. Es ist daher kein Wunder, daß die Relativitätstheorie so schwierig zu verstehen war, als sie zum ersten Mal veröffentlicht wurde: Nie zuvor waren Wissenschaftler oder Öffentlichkeit gehalten, ihrem Denken so strikte Disziplin aufzuerlegen.

Wir beginnen unsere Reise durch das Abstrakte, indem wir zunächst Länge und Zeit untersuchen. Stellen Sie sich einen Mann vor, der auf einer besonderen Art von Sonne steht. Diese Sonne funktioniert wie eine riesige Glühbirne; wenn der Mann einen Schalter betätigt, geht die Sonne genauso an wie eine normale Glühbirne. 150 Millionen Kilometer weiter wartet ein Mann auf der Erde darauf, das Licht dieser ungewöhnlichen Sonne zu erblicken *(Abb. 5–11)*. Bei dieser Entfernung darf er erwarten, das Licht etwa acht Minuten, nachdem der Mann auf der Sonne den Schalter betätigt hat, zu erblicken. Obwohl wir in arge Bedrängnis geraten würden, um eine Sonne zu finden, die wie eine Glühbirne funktioniert, trifft es zu, daß unsere Sonne im Mittel 150000000 km entfernt ist und daß das Licht von der Sonne ca. acht Minuten braucht, um die Erde zu erreichen. Immer, wenn wir die Sonne anschauen, sehen wir sie, wie sie vor acht Minuten aussah.

Nehmen wir nun an, daß diese Sonne und diese Erde sich im Universum geradlinig und mit konstanter Geschwindigkeit von links nach rechts bewegen. Die Entfernung zwischen ihnen beträgt immer noch 150000000 km. Weiterhin können weder der Mann auf der Sonne noch der auf der Erde den Umstand feststellen, daß sie sich bewegen. Erinnern Sie sich an Einsteins erste Tatsache: Es ist unmöglich, zu bestimmen, ob ein Himmelskörper sich im Univer-

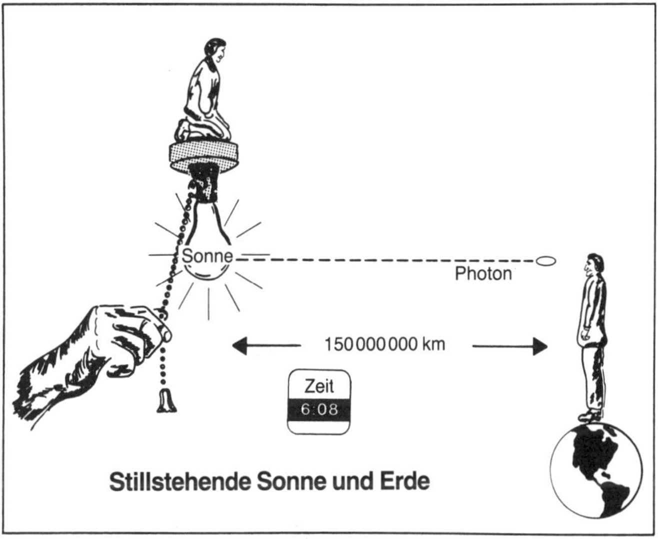

Abb. 5–11. Ein Photon braucht etwa 8 Minuten, um die 150000000 km zurückzulegen, die die Sonne von der Erde trennen.

sum bewegt oder stillsteht. Die beiden Männer mögen sich vielleicht sogar die Mühe machen, irgendein schlaues, kompliziertes Experiment durchzuführen (wie das von Michelson und Morley), doch werden sie – genau wie Michelson und Morley – feststellen, daß sie ihre Bewegung im All nicht bestimmen können. Wenn beide Männer sich umschauen, sehen sie zwar Sterne, Planeten und Galaxien an sich vorbeiziehen, und wenn wir sie vom All aus beobachten, sehen sie auch uns vorbeifliegen, doch werden sie nie feststellen können, ob das Universum an ihnen vorbeizieht oder sie am Universum. Und was das Schlimmste daran ist: Wir sind in der gleichen Lage wie sie – auch wir können nicht sicher sein, ob wir im Universum stillstehen. Das einzige, was wir und unsere Freunde mit Sicherheit behaupten können ist, daß wir uns relativ zueinander bewegen. Nach dieser Schlußfolgerung wollen wir überlegen, was wir wohl beobachten könnten.

Angenommen, um 6.00 Uhr knipst der Mann auf der Sonne die Sonne »an«, und ein Lichtstrahl beginnt sich auf den Weg zur Erde zu machen. Da er eine Entfernung von 150000000 km zurückzulegen hat, sollte das erste Photon die Erde um 6.08 Uhr erreichen. Wenn diese Sonne und diese Erde vor uns still im Raum stehen würden, könnten wir sogar messen, daß das Photon für seine Reise wirklich acht Minuten braucht. Doch nun ist es ja so, daß Sonne und Erde sich durch unser Blickfeld bewegen; infolgedessen sehen wir, wie die Erde sich von dem Photon entfernt, während es sich der Erde nähert: Folglich hat das Photon die Erde um 6.08 Uhr noch nicht erreicht. Erst um – sagen wir – 6.10 Uhr erreicht das Photon tatsächlich die Erde.

Wir beobachteten, daß das Photon länger als die erwarteten acht Minuten brauchte, weil Sonne und Erde sich bewegten, während es unterwegs war. Die beiden auf der Erde und auf der Sonne haben jedoch allen Grund anzunehmen, daß sie stillstehen und alles andere an ihnen vorüberzieht. Sie haben keine Möglichkeit zu beweisen, daß sie sich bewegen. Sie konnten allerdings auch messen, daß das Photon die 150000000 km in zehn Minuten und nicht in den erwarteten acht Minuten zurückgelegt hat. Die Formel

$$\text{Zeit} = \frac{\text{Entfernung}}{\text{Geschwindigkeit}}$$

ist ihnen durchaus bekannt, und sie wissen, daß gemäß dieser Formel das Photon etwa acht Minuten unterwegs gewesen sein sollte:

$$\text{Zeit} = \frac{\text{Entfernung}}{\text{Geschwindigkeit}} = \frac{150000000\ \text{km}}{300000\ \text{km/s} \times 60\ \text{s/min}}$$

$$\text{Zeit} = \text{ungefähr 8 Minuten}$$

Wie sollen wir dieses Dilemma lösen? Dazu haben wir vier Alternativen.

Erstens könnten unsere Freunde sich einen schnelleren Lichtstrahl, d.h. ein schnelleres Photon suchen. Das ist jedoch unmöglich, da ja Einsteins zweite Tatsache besagte: Die Lichtgeschwindigkeit bleibt dieselbe, egal, ob der Betrachter sich bewegt oder nicht.

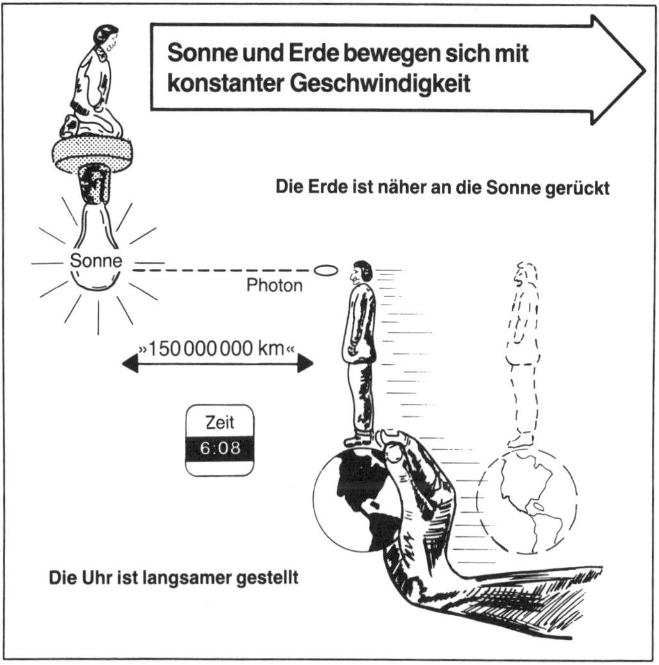

Abb. 5–12. Wenn Sonne und Erde sich bewegen, kann das Photon die Erde nicht in 8 Minuten erreichen. Eine Möglichkeit, Abhilfe zu schaffen, wäre, die Erde näher an die Sonne zu rücken und den neuen, verkürzten Abstand »150000000 km« zu nennen.

Anders: So etwas wie ein »schnelleres« Photon gibt es einfach nicht; ein Photon bewegt sich mit 300000 km/s und damit basta! Als zweite Möglichkeit könnten unsere beiden Freunde sich dafür entscheiden, die Erde näher an die Sonne zu rücken und die neue, kürzere Entfernung trotzdem »150000000 km« zu nennen *(Abb. 5–12)*. Unter diesen Umständen würde das Photon die Erde tatsächlich in acht Minuten erreichen, nachdem es »150000000 km« zurückgelegt hätte. Als dritte Möglichkeit könnten sie die Erde lassen, wo sie ist, ihre Uhren zum Uhrmacher bringen und sie langsamer stellen lassen *(Abb. 5–13)*. Dann würde das Photon die Erde nach 150000000 km in »8 Minuten« erreichen.

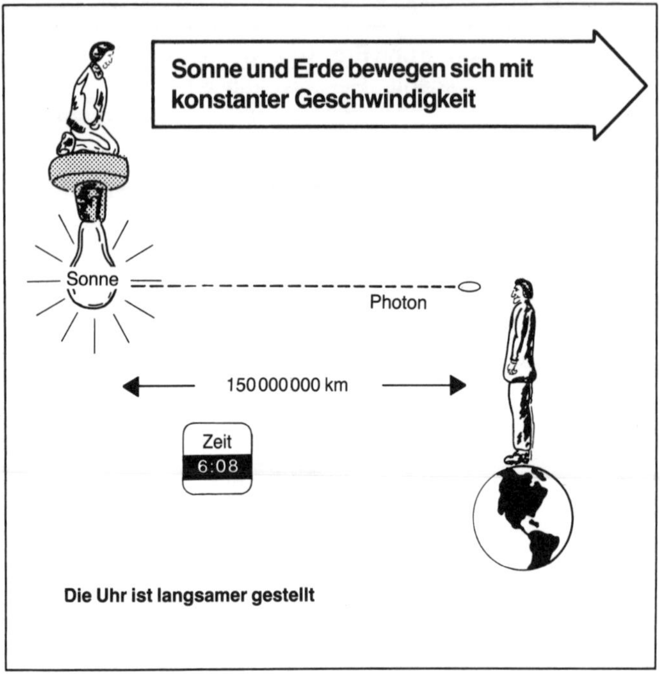

Abb. 5–13. Eine weitere Möglichkeit zur Abhilfe wäre, die Erde zu lassen, wo sie ist, und die Uhr langsamer zu stellen.

Die vierte Möglichkeit, eine Kombination der letzten beiden, ist das, was tatsächlich eintritt: Die Erde rückt ein wenig näher an die Sonne, und die Uhren gehen langsamer*. Zusammengefaßt: Unsere beiden Freunde, die ihre Bewegung im Raum nicht feststellen können (Tatsache Eins), und die mit einem Photon geschlagen sind, dessen Geschwindigkeit unveränderbar ist (Tatsache Zwei), sehen sich in eine Situation gezwungen, in der sie die Entfernung, die sie

---

* Um den schwierigen Begriff der Gleichzeitigkeit zu vermeiden, der der Speziellen Relativitätstheorie zugrunde liegt, ist der Leser gebeten, die Tatsache hinzunehmen, daß beides gleichzeitig passiert.

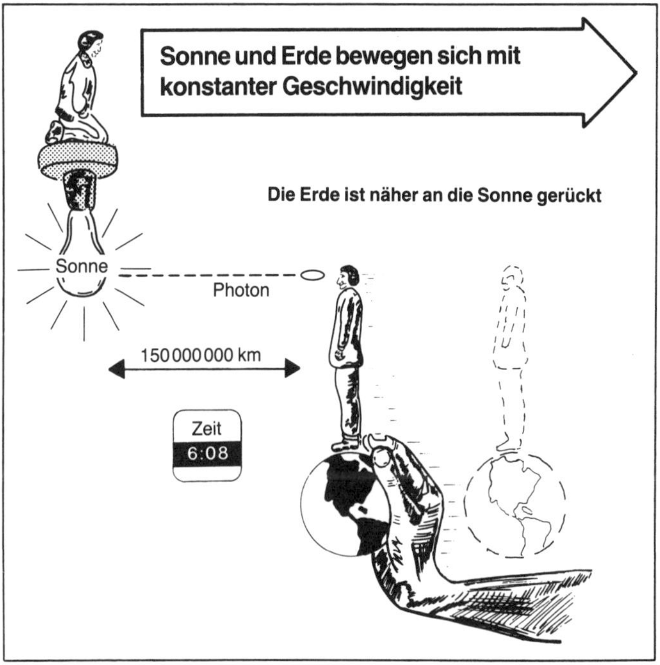

Abb. 5–14. Die letzte Möglichkeit ist, beides zu tun – die Erde ein wenig näher zu rücken und die Uhr langsamer zu stellen.

»150000000 km« nennen, verkürzen und die Zeitspanne, die sie »8 Minuten« nennen, verlängern müssen *(Abb. 5–14)*. Um das alles verständlicher zu machen, wollen wir die Veränderungen von Länge und Zeit einzeln behandeln, wobei wir allerdings nicht aus den Augen verlieren, daß beide Veränderungen *gleichzeitig* auftreten.

Länge

Bei der Erörterung der Länge bleiben wir bei unserem Modell von einem Mann auf der Erde und einem auf der Sonne. Allerdings sehen wir nun von unserem eigenen Sonne-Erde-System aus zu. Wenn wir in den Himmel schauen, können wir also unsere Freunde mit ihrer Sonne, die wie eine gigantische Glühbirne funktioniert, auf ihrem Sonne-Erde-System beobachten. Und wenn sie in den Himmel schauen, sehen sie uns auf ihr Sonne-Erde-System spähen.

Außerdem müssen wir hier konstatieren, daß ein Funksignal sich mit Lichtgeschwindigkeit fortpflanzt (also mit ca. 300000 km/s), denn es ist – genau wie das Licht – eine elektromagnetische Welle. Wenn man ein Funksignal von New York nach Kalifornien sendet, braucht es etwa 0,016 Sekunden für den Weg. Indem wir die Geschwindigkeit mit der Zeit multiplizieren, also 300000 km/s mal 0,016 Sekunden, erhalten wir eine Länge von 4800 km: die Strecke zwischen New York und Kalifornien *(Abb. 6–1)*. Mit anderen Worten: Ein Meßgerät, das aus einem Funksignal und einer Uhr besteht (mit der sich 0,016 Sekunden ablesen lassen), ergibt dieselbe Entfernung, die wir erwarten würden, wenn wir ein Maßband aus Stoff, Holz oder Stahl von New York nach Kalifornien legen könnten. Auf diesen recht einleuchtenden Punkt kommen wir in der folgenden Erörterung noch zurück.

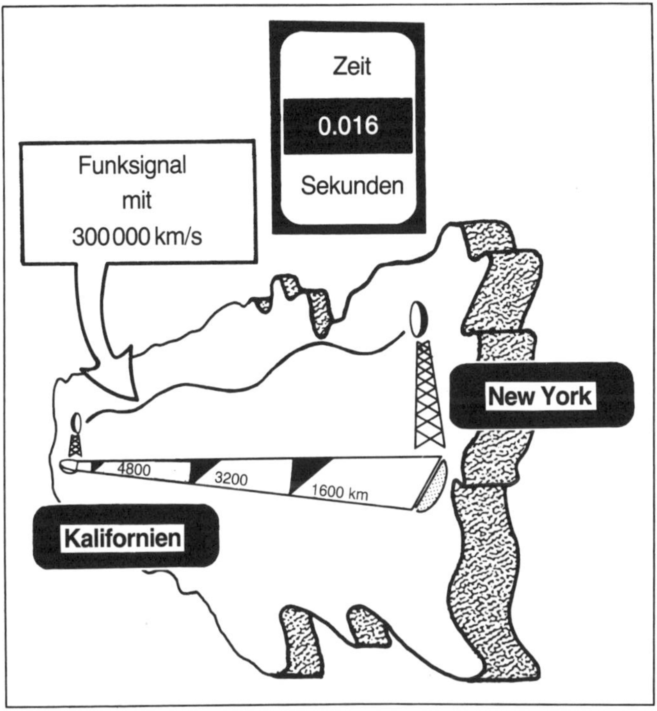

Abb. 6–1. Eine Meßlatte ergibt dieselbe Entfernung wie ein Meßgerät aus einem Funksignal und einer Uhr.

Stellen Sie sich vor, Sie schauen nach oben und sehen unsere Freunde in ihrem Sonne-Erde-System, das im Augenblick relativ zu uns absolut stillsteht *(Abb. 6–2)*. Von ihrer Sonne bis zu ihrer Erde sind es 150000000 km. Wenn unser Freund auf der Sonne den Schalter umlegt und um 6.00 Uhr die Sonne einschaltet, braucht ein Photon 8 Minuten, um zu seiner Erde zu gelangen.

Wenn das Sonne-Erde-System unserer Freunde mit, sagen wir, 160000 km/s unser Blickfeld durchquert, kann das Photon, wie wir wissen, die Erde nicht in 8 Minuten erreichen: Während das Photon in Richtung Erde fliegt, bewegt sich die Erde vom Photon weg. Nun

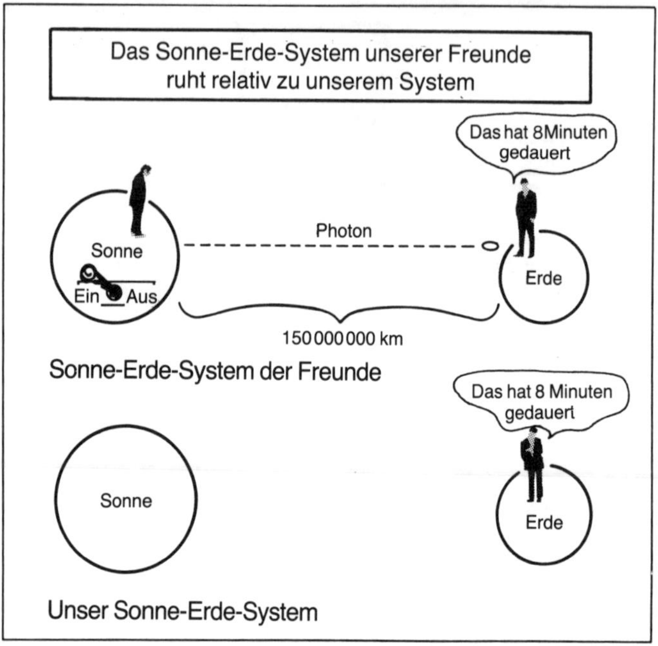

Abb. 6–2. Wenn das Sonne-Erde-System unserer Freunde relativ zu unserem System ruhend ist, werden wir feststellen, daß ein Photon von ihrer Sonne zu ihrer Erde 8 Minuten braucht.

stellen Sie sich vor, daß unsere beiden Freunde die Situation bereinigen, indem sie ihre Erde näher an die Sonne rücken und diese neue, verkürzte Entfernung »150000000 km« nennen. Nachdem unsere Freunde den Abstand korrigiert haben, können sie nun, während sie sich weiterhin mit 160000 km/s fortbewegen, das Experiment erfolgreich wiederholen *(Abb. 6–3)*. Um genau 6.00 Uhr schalten sie die Sonne ein, und um 6.08 schaut der Mann auf der Erde nach oben und sieht ein Photon – ein Photon, von dem er behauptet, es habe 150000000 km zurückgelegt, während wir behaupten, es habe erheblich weniger als 150000000 km zurückgelegt. Wenn unser Freund auf der Sonne um 6.00 Uhr ein Funksignal schicken würde,

würde sein Kollege das Signal um 6.08 Uhr empfangen. Ohne Zweifel werden unsere Freunde behaupten, das Funksignal habe ebenso wie das Photon 150000000 km zurückgelegt. Wir hingegen werden behaupten, es habe erheblich weniger als 150000000 km zurückgelegt. Wie bereits gesagt, muß ein Meßgerät aus einem Funksignal und einer Uhr denselben Wert ergeben wie eins aus Stoff, Holz oder Stahl. Wenn die beiden Männer also ein Maßband von ihrer Sonne zu ihrer Erde spannen, müssen sie auf 150000000 km kommen. Von uns aus gesehen, müssen sie also ein Maßband verwenden, dessen Länge geschrumpft ist.

Abb. 6–3. Wenn sich das Sonne-Erde-System unserer Freunde relativ zu unserem System mit 160000 km/s bewegt, werden unsere Freunde ihre Erde näher an ihre Sonne rücken müssen, damit das Photon 8 Minuten von ihrer Sonne bis zu ihrer Erde braucht. Sie werden immer noch behaupten, daß sie 150000000 km voneinander entfernt sind, von uns aus gesehen beträgt ihr Abstand jedoch nur noch ca. 127000000 km.

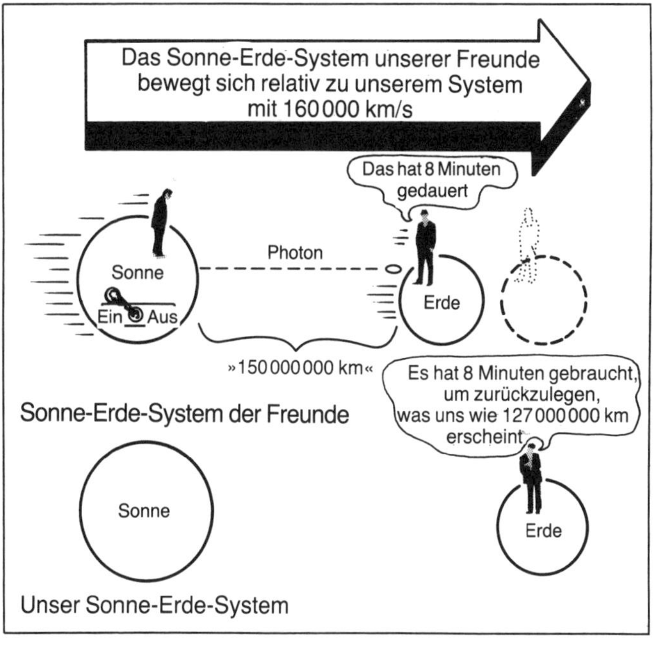

Um die Situation zusammenzufassen: Unsere Freunde bewegen sich mit einer konstanten Geschwindigkeit von 160000 km/s durch unser Blickfeld. Um 6.00 Uhr schalten sie ihre Sonne an, und ein Photon macht sich auf den Weg zu ihrer Erde. Um 6.08 Uhr hat dieses Photon ihre Erde noch nicht erreicht. Da sie ihre Bewegung im All nicht bestimmen können, behaupten sie notwendigerweise, daß sie stillstehen. Zudem können sie die Geschwindigkeit ihres Photons nicht ändern. Da sie mit der Formel

$$\text{Zeit} = \frac{\text{Entfernung}}{\text{Geschwindigkeit}}$$

wohlvertraut sind und zudem wissen, daß sie mit der Geschwindigkeit des Photons nicht herumspielen können, beschließen sie, die Zeit außer acht zu lassen und die Entfernung zueinander zu verkürzen. Dabei sind sie allerdings gezwungen, ihre neue, verkürzte Entfernung »150000000 km« zu nennen. Das erlaubt ihnen, mit Hilfe ihrer Formel auf die 8 Minuten zu kommen, die ein Photon braucht, um von ihrer Sonne zu ihrer Erde zu gelangen.

$$\text{Zeit} = \frac{\text{Entfernung}}{\text{Geschwindigkeit}} = \frac{150\,000\,000\ \text{km}}{300\,000\ \text{km/s} \times 60\ \text{s/min}}$$

$$\text{Zeit} = \text{ungefähr 8 Minuten}$$

Aus unserer Sicht erscheint die Entfernung, die sie nun 150000000 km nennen, kürzer als 150000000 km. Außerdem erkennen wir, daß sie diese Entfernung mit einem Maßband messen, das in der Länge verkürzt ist. Wenn wir sagen, daß das Maßband in der Länge verkürzt ist, meinen wir, daß es nur in Bewegungsrichtung verkürzt ist. Das ist nicht so, als würden wir ein Stoffmaßband aus der Waschmaschine holen. Ein eingelaufenes Maßband, das in jeder Dimension geschrumpft ist, unterscheidet sich von einem, das nur in

Abb. 6–4. Ein eingelaufenes Maßband, das man aus der Waschmaschine zieht, unterscheidet sich erheblich von einem, das nur in einer Dimension kleiner ist.

einer Dimension geschrumpft ist *(Abb. 6–4).* Wenn wir sagen, ein Maßband schrumpft in nur einer Dimension, dann ist das Konzept, das dahintersteckt, erheblich komplizierter als bei einem Maßband, das insgeamt eingelaufen ist. Wenn ein Maßband einläuft, rücken seine Moleküle dichter aneinander; wenn wir hingegen sagen, daß es nur in einer Dimension schrumpft, meinen wir, daß auch die Moleküle und Atome selbst, aus denen das Maßband besteht, sich in der Bewegungsrichtung zusammenziehen. Wenn wir uns die Atome in dem Maßband als Kügelchen vorstellen, stellen wir fest, daß sie in zusammengezogenem Zustand wie kleine Ellipsoide aussehen – so etwa wie kleine Eier. Die Behauptung, daß die Entfernung der Schrumpfung unterliegt, besagt also auch, daß die Materie selbst schrumpft.

Man beachte, daß bei unserer gesamten Erörterung dieses Schrumpfens der Entfernung *rechtwinklig* zur Bewegungsrichtung nichts passiert. Der Abstand zwischen der Erde und der Sonne unserer Freunde schrumpft, doch in der Richtung, die rechtwinklig zu einer zwischen ihrer Erde und ihrer Sonne gedachten Linie verläuft, schrumpft nichts. Natürlich klingt das alles nach unserer Erörterung der Lorentzschen Gleichungen vage vertraut. Daher sollte es nicht überraschen, daß sich die verkürzte Entfernung zwischen der Erde und Sonne unserer Freunde mit einer vertrauten Gleichung berechnen läßt, nämlich der ersten von Lorentz entwickelten. Der Leser mag sich erinnern, daß diese Gleichung verwendet wurde, um die verkürzte Entfernung zwischen dem Strahlteiler und dem rechten Spiegel zu berechnen:

$$\text{Neuer (verkürzter) Abstand zwischen Strahlteiler und Spiegel} = \sqrt{1 - \frac{\left(\text{Geschwindigkeit des Michelson-Morley-Apparats relativ zum Äther}\right)^2}{(\text{Lichtgeschwindigkeit})^2}}\left(\text{Gemessener Abstand zwischen Strahlteiler und rechtem Spiegel}\right)$$

Wenn wir in diese Gleichung die Begriffe unserer beiden Sonne-Erde-Systeme einsetzen, erhalten wir:

$$\text{Neuer (verkürzter) Abstand zwischen der Erde und Sonne unserer Freunde} = \sqrt{1 - \frac{\left(\text{Geschwindigkeit des Sonne-Erde-Systems unserer Freunde relativ zu uns}\right)^2}{(\text{Lichtgeschwindigkeit})^2}}\left(\text{Abstand zwischen Erde und Sonne unserer Freunde, wenn sie relativ zu uns stillstehen}\right)$$

Durch Einsetzen der Werte in diese Gleichung erhalten wir:

$$\text{Verkürzter Abstand zwischen der Erde und Sonne unserer Freunde} = \sqrt{1 - \frac{160\,000^2\,\text{km/s}}{300\,000^2\,\text{km/s}}}(150\,000\,000\ \text{km}) \cong 127\,000\,000\ \text{km}$$

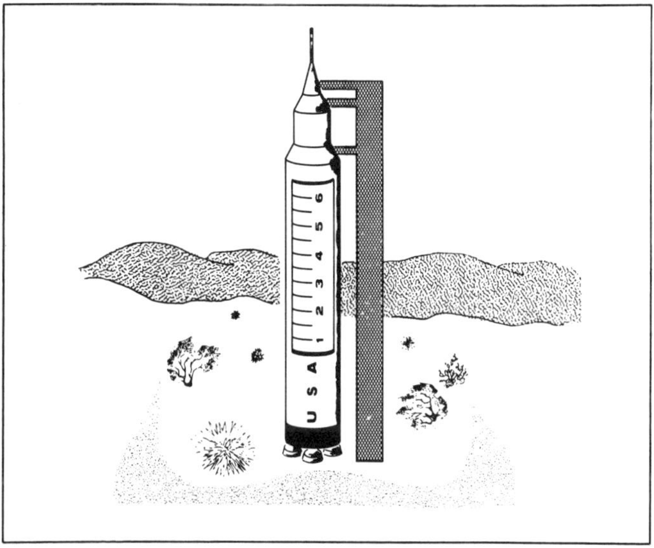

Abb. 6–5. Die Verkürzung findet nur in Bewegungsrichtung statt.

Der verkürzte Abstand zwischen der Erde und der Sonne unserer Freunde beträgt ungefähr 127000000 km.

Anders gesagt: Wenn unsere Freunde mit 160000 km/s durch unser Blickfeld fliegen, erscheint der verkürzte Abstand zwischen ihrer Sonne und Erde uns wie 127000000 km. Wenn wir zudem ein Maßband von ihrer Sonne zu ihrer Erde legten, würden wir bemerken, daß an einem Ende des Maßbands »0« steht und am anderen »150000000«; trotzdem würden wir auch sehen, daß die Entfernung von der »0« bis zur »150000000« 127000000 km beträgt. Offensichtlich würden wir ein zusammengezogenes Maßband betrachten *(Abb. 6–5, 6–6 und 6–7).*

Da in den zwei Dimensionen senkrecht zur Bewegungsrichtung keine Verkürzung stattfindet, bleiben die zweite und dritte Lorentzsche Gleichung dieselben. Mit anderen Worten: Bezogen auf das Sonne-Erde-System unserer Freunde bleibt die Entfernung zweier beliebiger Punkte in einer Richtung senkrecht zur Bewegungsrichtung dieselbe, ob diese sich nun bewegen oder nicht. Wir stellen also fest, daß Lorentz der erste war, der die richtigen Gleichungen für die Verkürzung der Länge niederschrieb. Albert Einstein hingegen war der erste, der die richtige Theorie dazu lieferte.

Bislang haben wir detailliert beschrieben, was *wir* »sehen«, wenn unsere Freunde unser Blickfeld mit konstanter Geschwindigkeit durchqueren. Doch was sehen *sie*, wenn sie zu uns schauen? Das Seltsame an der ganzen Sache ist, daß sie genau das beobachten, was auch wir gesehen haben! Wenn sie uns zuschauen, werden sie behaupten, sie stünden still und wir würden ihr Blickfeld mit 160000 km/s durchqueren. Wenn wir unsere Sonne um 6.00 Uhr anschalten, stellen auch sie fest, daß ein Photon unsere Erde um 6.08

Abb. 6–6. Mit zunehmender Geschwindigkeit nimmt auch die Verkürzung zu.

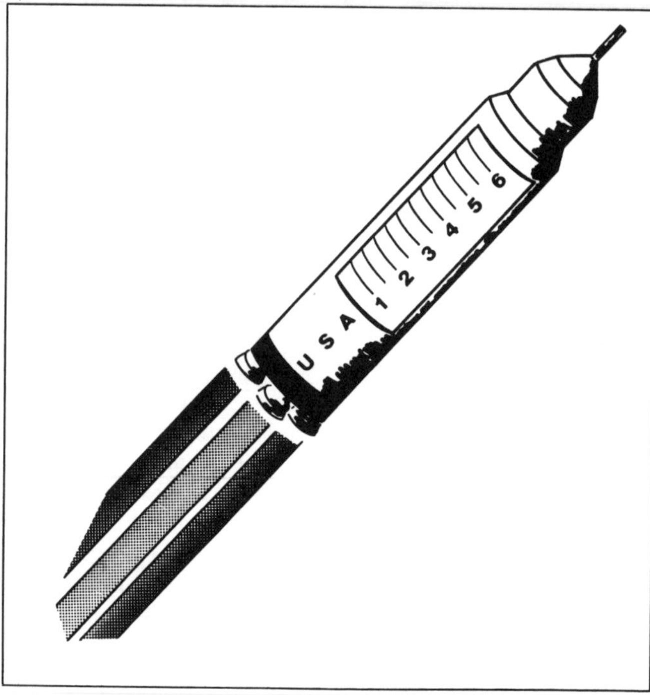

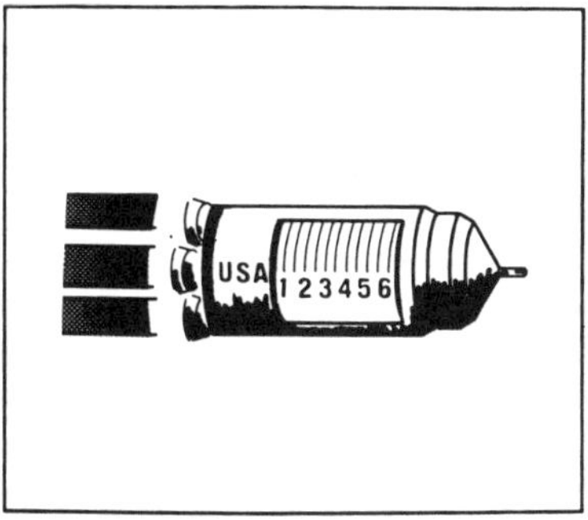

Abb. 6–7. Bei annähernder Lichtgeschwindigkeit wird die Verkürzung erheblich.

Uhr noch nicht erreicht hat. Wir werden natürlich ebenso reagieren wie sie und den Abstand zwischen unserer Erde und Sonne verringern. Am Ende werden auch sie eine kürzere Version der 150000000 km wahrnehmen, genau wie wir, als wir zu ihnen schauten.

Selbst wenn wir von uns aus sehen können, daß Entfernung und Materie bei ihnen in Bewegungsrichtung verkürzt sind, und sie umgekehrt das gleiche bei uns beobachten, werden beide Parteien doch feststellen, daß in dem jeweils eigenen Sonne-Erde-System alles normal scheint. Wenn unsere Freunde ein Maßband von ihrer Erde zu ihrer Sonne spannen, wird es für sie 150000000 km lang scheinen, obwohl es uns 127000000 km lang vorkommt. Sie werden sich nicht darüber beschweren, daß alle Dinge in der Bewegungsrichtung verkürzt sind, weil sie nicht einmal beweisen können, daß sie sich überhaupt bewegen. Das gleiche gilt für uns, wenn wir ein Maßband von unserer Sonne zu unserer Erde spannen. Auch wir werden nicht über irgendwelche Verkürzungen klagen, weil auch wir unsere Bewegung im All nicht feststellen können. Für jeden von uns ist die Verkürzung in der Bewegungsrichtung nur in dem jeweils anderen Sonne-Erde-System erkennbar.

Kehren wir abermals zu unseren Freunden zurück, die immer noch mit 160000 km/s unser Blickfeld durchqueren. Aus unserer Sicht erscheint, wie wir bereits wissen, der Abstand zwischen ihren Himmelskörpern wie 127000000 km. Nehmen wir nun an, daß sie unser Blickfeld mit 240000 km/s zu durchqueren beginnen. Um genau 6.00 Uhr betätigt unser Freund auf der Sonne den Schalter, und ein Photon beginnt zu seinem Kollegen auf der Erde zu fliegen. Wie zu erwarten, hat das Photon um 6.08 Uhr die Erde noch nicht erreicht. Die Erde hat sich während dieser acht Minuten natürlich von dem Photon wegbewegt. Wiederum wird die Situation bereinigt, indem die Erde näher an die Sonne gerückt wird *(Abb. 6–8).* Der wahrgenommene Abstand zwischen unseren Freunden wird kürzer als 127 000 000 km; und dieser Abstand läßt sich mit unserer Formel berechnen:

$$\begin{array}{l}\text{Verkürzter Abstand}\\ \text{zwischen der Erde und}\\ \text{Sonne unserer Freunde}\end{array} =$$

$$\sqrt{1-\frac{\left(\begin{array}{c}\text{Geschwindigkeit des Son-}\\ \text{ne-Erde-Systems unserer}\\ \text{Freunde relativ zu uns}\end{array}\right)^2}{(\text{Lichtgeschwindigkeit})^2}}\left(\begin{array}{c}\text{Abstand zwischen}\\ \text{Erde und Sonne unserer}\\ \text{Freunde, wenn sie rela-}\\ \text{tiv zu uns stillstehen}\end{array}\right)$$

$$\begin{array}{l}\text{Verkürzter Abstand}\\ \text{zwischen der Erde und}\\ \text{Sonne unserer Freunde}\end{array} = \sqrt{1-\frac{240\,000^2\ \text{km/s}}{300\,000^2\ \text{km/s}}}\,(150\,000\,000\ \text{km})$$

$$\begin{array}{l}\text{Verkürzter Abstand}\\ \text{zwischen der Erde und}\\ \text{Sonne unserer Freunde}\end{array} = 90\,000\,000\ \text{km}$$

Wenn wir also unsere Freunde beobachten, können wir eine Entfernung von 90 000 000 km zwischen ihrer Erde und ihrer Sonne messen. Betrachten sie uns, stellen sie fest, daß die gleiche Entfernung unsere Erde von unserer Sonne trennt.

Nun gehen wir ins äußerste Extrem und stellen uns vor, daß unsere Freunde das Blickfeld mit der Lichtgeschwindigkeit selbst

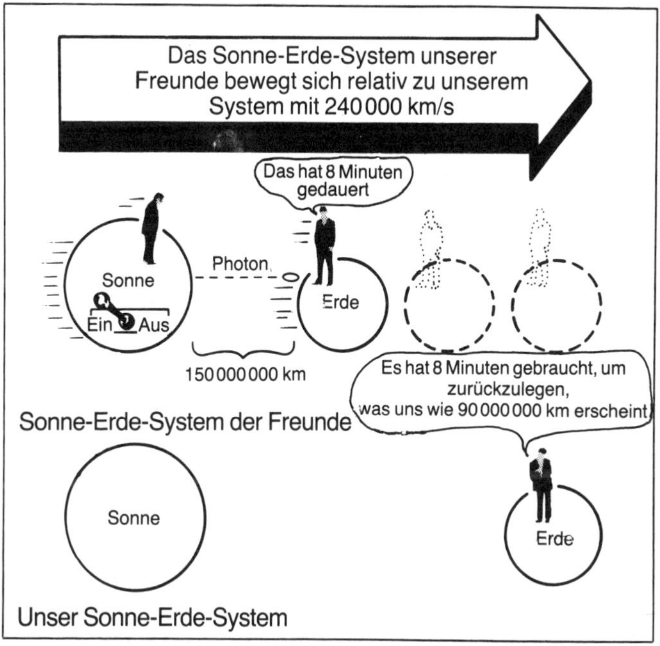

Abb. 6–8. Wenn sich das Sonne-Erde-System unserer Freunde relativ zu unserem mit 240000 km/s bewegt, werden unsere Freunde ihre Erde noch näher an ihre Sonne rücken müssen, damit das Photon 8 Minuten von ihrer Sonne bis zu ihrer Erde braucht. Immer noch werden sie behaupten, daß sie 150000000 km voneinander entfernt sind, von uns aus gesehen beträgt ihr Abstand aber nur noch 90000000 km.

durchqueren, also mit 300000 km/s. Abermals ergibt das Experiment, bei dem sie die Sonne um 6.00 Uhr einschalten, eine Verringerung des Abstands ihrer Erde zu ihrer Sonne. Doch diesmal ist es erforderlich, ihre Erde unmittelbar an ihre Sonne zu rücken und den Abstand somit gleich Null werden zu lassen *(Abb. 6–9).* Das wird sofort deutlich, wenn wir unsere Formel anwenden:

$$\text{Verkürzter Abstand zwischen der Erde und Sonne unserer Freunde} = \sqrt{1 - \frac{\left(\text{Geschwindigkeit des Sonne-Erde-Systems unserer Freunde relativ zu uns}\right)^2}{(\text{Lichtgeschwindigkeit})^2}} \left(\text{Abstand zwischen Erde und Sonne unserer Freunde, wenn sie relativ zu uns stillstehen}\right)$$

$$\text{Verkürzter Abstand zwischen der Erde und Sonne unserer Freunde} = \sqrt{1 - \frac{300\,000^2\ \text{km/s}}{300\,000^2\ \text{km/s}}}\,(150\,000\,000\ \text{km})$$

$$\text{Verkürzter Abstand zwischen der Erde und Sonne unserer Freunde} = \sqrt{1 - 1}\ (150\,000\,000\ \text{km})$$

$$\text{Verkürzter Abstand zwischen der Erde und Sonne unserer Freunde} = 0\ \text{km}$$

Wenn unsere Freunde sich mit Lichtgeschwindigkeit bewegen, schrumpft die Länge auf Null. Auch ein Maßband würde auf Null schrumpfen. Das Band, das aus irgendeinem Material wie Stoff, Holz oder Stahl besteht, würde immer kleiner werden, wenn es sich relativ zu uns immer schneller bewegte; bei Lichtgeschwindigkeit würde es schließlich völlig »verschwinden«.

Während der gesamten Erörterung haben wir uns ein Sonne-Erde-System vorgestellt, das sich relativ zu uns immer schneller bewegt. Doch wenn wir am Straßenrand stehen und ein Auto vorbeifahren sehen, fährt natürlich auch dieses mit einer Geschwindigkeit relativ zu uns *(Abb. 6–10)*. Es mag vielleicht nur mit 90 km/h fahren, was erheblich langsamer ist als 300 000 km/s. Trotzdem fährt es mit einer gewissen Geschwindigkeit relativ zu uns, und infolgedessen können wir unsere Formel benutzen, um die neue, verkürzte

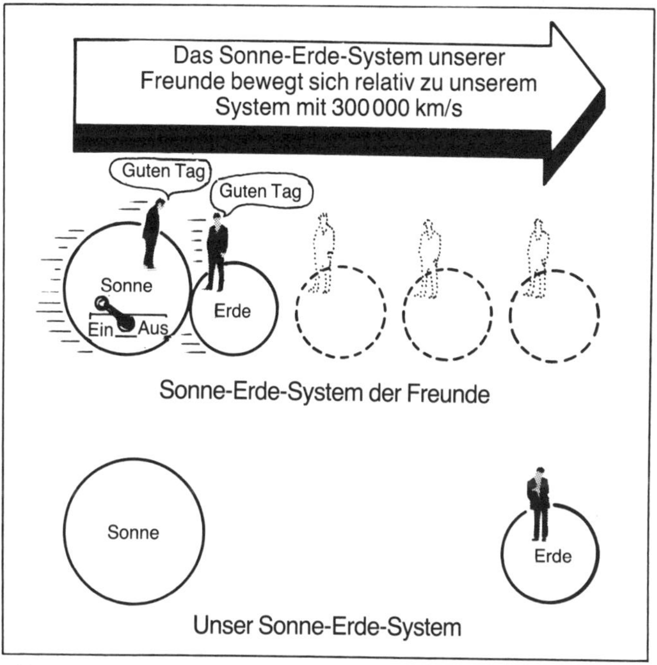

Abb. 6–9. Wenn sich das Sonne-Erde-System unserer Freunde relativ zu unserem mit 300 000 km/s bewegt, werden unsere Freunde feststellen, daß sie ihre Erde unmittelbar an ihre Sonne rücken müssen, wenn der Mann auf der Erde überhaupt eine Chance haben soll, das Photon zu sehen. Da sie ihre Bewegung im All jedoch nicht feststellen können, haben sie keinen Grund zur Annahme, daß sie sich überhaupt bewegen. Daher werden sie weiterhin glauben, sie seien 150 000 000 km voneinander entfernt, während wir meinen, daß sie dicht genug beieinander sind, um sich »Guten Tag« zu sagen.

Abb. 6–10.

Länge des Autos zu berechnen. Wir würden allerdings feststellen, daß die Längenänderung so gering ist, daß sie für das menschliche Auge mit Sicherheit niemals erkennbar wird. Um auch nur hoffen zu dürfen, je einen Gegenstand in seiner Bewegungsrichtung kürzer werden zu sehen, müßten wir ihn bei einer Geschwindigkeit von Tausenden km/s beobachten.

Es ist schon eigenartig, was sich da bisher entwickelt hat. Es liegt alles daran, daß wir unsere Bewegung im All nicht feststellen können (Tatsache Eins), daß die Lichtgeschwindigkeit unabhängig von der Bewegung der Lichtquelle oder des Beobachters dieselbe bleibt (Tatsache Zwei), und daß wir uns entschlossen haben, die Resultate aus der Anwendung dieser beiden Tatsachen in einer logischen Ereignisfolge zu akzeptieren, so seltsam sie auch sein mögen.

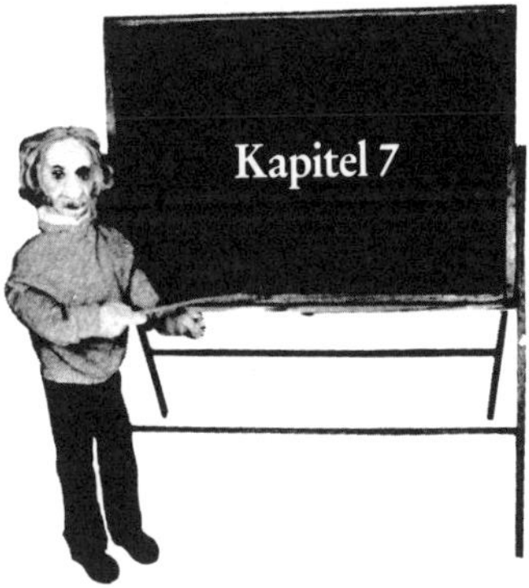

Zeit

Kehren wir ein weiteres Mal zu unseren Freunden in ihrem Sonne-Erde-System zurück. Wiederum stellen wir uns vor, daß die beiden relativ zu uns absolut stillstehen und durch eine Entfernung von 150 000 000 km getrennt sind *(Abb. 7–1).* Um 6.00 Uhr betätigt unser Freund auf der Sonne einen Schalter, und ein Photon macht sich auf den Weg zur Erde. Um 6.08 Uhr schaut unser Freund auf der Erde nach oben und erblickt ein Photon.

Als nächstes können wir uns vorstellen, daß unsere Freunde in ihrem Sonne-Erde-System mit 160 000 km/s durch unser Blickfeld fliegen. Um 6.00 Uhr legt der Mann auf der Sonne einen Schalter um, und ein Photon macht sich auf den Weg zur Erde. Diesmal hat es die Erde um 6.08 Uhr noch nicht erreicht, weil diese sich von ihm fortbewegte, während es unterwegs war. Mittlerweile ist uns diese Situation ja vertraut. Unsere Freunde können nicht beweisen, daß sie sich im All bewegen und können nicht die Geschwindigkeit ihres Photons verändern. Doch irgendwie müssen die Umstände so verändert werden, daß das Photon für den Weg zu ihrer Erde 8 Minuten braucht. Und noch einmal schauen sich unsere Freunde die Formel

$$\text{Zeit} = \frac{\text{Entfernung}}{\text{Geschwindigkeit}}$$

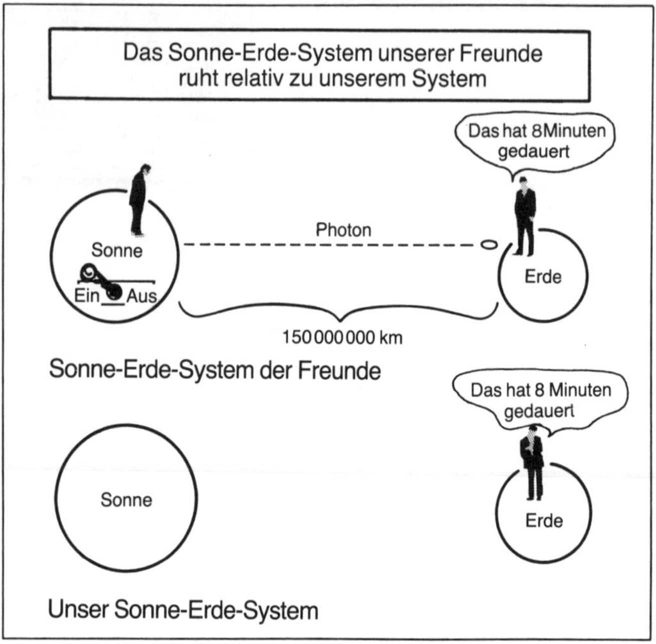

Abb. 7–1. Wenn das Sonne-Erde-System unserer Freunde relativ zu unserem stillsteht, stellen wir fest, daß ein Photon von ihrer Sonne zu ihrer Erde 8 Minuten braucht.

an, und da sie die Geschwindigkeit des Photons nicht ändern können, beschließen sie dieses Mal, die Entfernung zu ignorieren und die Zeit zu verändern. Anders gesagt, sie lassen die Erde, wo sie ist, und bringen ihre Uhren zum Uhrmacher, um sie langsamer stellen zu lassen. Wenn sie nun ihr Experiment wiederholen, während sie mit 160000 km/s durch unser Blickfeld sausen, stellen sie fest, daß sie ihr Problem gelöst haben *(Abb. 7–2).* Um 6.00 Uhr schalten sie ihre Sonne ein, und ihren neu justierten Uhren zufolge erreicht das Photon um 6.08 Uhr die Erde. Während dieses zweiten Versuchs

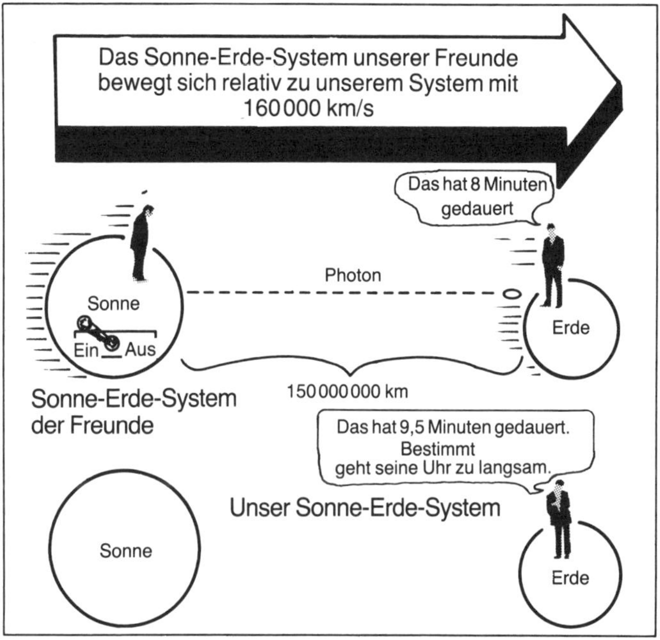

Abb. 7–2. Wenn das Sonne-Erde-System unserer Freunde sich mit 160000 km/s bewegt, müssen sie ihre Uhren langsamer stellen. Daraufhin werden sie behautpen, daß das Photon ihren neu justierten Uhren zufolge 8 Minuten von ihrer Sonne zu ihrer Erde braucht. Wir hingegen behaupten, das Photon brauche unseren Uhren zufolge 9,5 Minuten.

werden wir Zeugen, wie das Photon acht lahme, langsame Minuten braucht, um von ihrer Sonne zu ihrer Erde zu gelangen. Einstein war es, der zu dem Schluß kam, daß wir die Zeit berechnen könnten, die das Photon unseren Uhren zufolge braucht, um von der Sonne zur Erde zu gelangen, wenn wir die vierte Lorentzsche Gleichung verwendeten, bei deren Erklärung Lorentz selbst so gewaltige Schwierigkeiten hatte. Rufen wir uns also diese anstrengende Gleichung wieder ins Gedächtnis:

$$\text{»Künstliche« Zeit des Lichtstrahls für seine Rundreise zwischen Strahlteiler und Spiegel im Strom} =$$

$$\sqrt{1-\frac{\left(\text{Geschwindigkeit des Michelson-Morley-Apparats relativ zum Äther}\right)^2}{(\text{Lichtgeschwindigkeit})^2}}\left(\text{Gemessene Zeit des Lichtstrahls für seine Rundreise zwischen Strahlteiler und Spiegel im Strom}\right)$$

Wenn wir diese Gleichung für unsere beiden Sonne-Erde-Systeme umschreiben, erhalten wir:

$$\text{Zeit des Photons für seinen Weg von der Sonne zur Erde unserer Freunde nach ihrer Zeitberechnung} =$$

$$\sqrt{1-\frac{\left(\text{Geschwindigkeit des Sonne-Erde-Systems unserer Freunde relativ zu uns}\right)^2}{(\text{Lichtgeschwindigkeit})^2}}\left(\text{Zeit des Photons für seinen Weg von der Sonne zur Erde unserer Freunde nach unserer Zeitberechnung}\right)$$

Durch Einsetzen der entsprechenden Werte in diese Gleichung erhalten wir:

$$8\,\text{min} = \sqrt{1-\frac{160\,000^2\ \text{km/s}}{300\,000^2\ \text{km/s}}}\left(\text{Zeit des Photons für seinen Weg von der Sonne zur Erde unserer Freunde nach unserer Zeitberechnung}\right)$$

$$\text{Zeit des Photons für seinen Weg von der Sonne zur Erde unserer Freunde nach unserer Zeitberechnung} = \frac{8\ \text{min}}{\sqrt{1 - \frac{160\,000^2\ \text{km/s}}{300\,000^2\ \text{km/s}}}}$$

Zeit des Photons für seinen Weg von der Sonne zur Erde unserer Freunde nach unserer Zeitberechnung = ungefähr 9½ Minuten

Kein Wunder, daß wir das Photon acht lahme, langsame Minuten von ihrer Sonne zu ihrer Erde haben schleichen sehen. Unseren Uhren zufolge nennen wir das, was sie 8 Minuten nennen, 9½ Minuten. Ihre Bewegung durchs All mit 160 000 km/s relativ zu uns führt uns zu dem Schluß, daß ihre Zeit langsamer geworden ist – der Minutenzeiger an ihrer Uhr dreht sich langsamer als der an unserer.

Im vorigen Kapitel haben wir darauf hingewiesen, daß alle Arten von Meßgeräten dasselbe Ergebnis erbringen müssen, wenn sie zur Messung derselben Entfernung benutzt werden. Ein Meßgerät aus einer Uhr und einem Funksignal muß dasselbe Meßergebnis zeigen wie eins aus Stoff, Holz oder Stahl. Entsprechendes gilt für verschiedene Arten von Uhren. Eine Uhr mit Sekundenzeiger, eine batteriebetriebene Digitaluhr oder eine Standuhr müssen alle das Vergehen der Zeit gleich anzeigen, wenn wir uns auf sie verlassen wollen. Ein mechanisches Gerät ist aber nicht der einzige Uhrentyp. Tatsächlich ist alles, was sich periodisch, also regelmäßig, bewegt, eine Uhr. Da Elektronen mit regelmäßiger Geschwindigkeit um ihre Atomkerne flitzen, stellt die Elektronenbewegung eine außergewöhnliche, aber zulässige Uhr dar. Da Ihr Herz regelmäßig schlägt, stellt auch dieses eine außergewöhnliche, aber zulässige Uhr dar. Im Alltag brauchen wir für das, was wir tun, Stunden oder Minuten; wir rechnen nicht in Millionen Kreisbahnen eines Elektrons oder in Hunderten von Herzschlägen. Wenn aber ein Elektron in jeder Sekunde gleich viele Umkreisungen um seinen Atomkern beschreibt oder wenn ein Herz in jeder Minute gleich oft schlägt, dann besteht kein Grund, warum wir die Zeit nicht in »Umkreisungen« oder »Schlägen« statt in Minuten und Stunden messen sollten. Die Tatsache, daß alle Uhren gleich sind und daß es so viele außergewöhnliche Uhren gibt, führt direkt zu einer der seltsamsten Schlußfolgerungen der Relativitätstheorie.

Daß wir die Uhren unserer Freunde verlangsamt haben, beinhaltet weit mehr als eine simple, mechanische Justierung. Wie alles andere besteht eine Uhr aus Atomen, und nach unserem Eingriff bewegen sich sogar die Elektronen in den Atomen langsamer. Auch die Bewegung der Elektronen in den Batterien einer Digitaluhr wäre langsamer. Unsere Freunde würden langsamer gehen und sprechen, ihre Herzen würden langsamer schlagen, und infolgedessen würden sie sogar langsamer altern. Alles in dem Sonne-Erde-System unserer Freunde würde langsamer ablaufen als in unserem eigenen Sonne-Erde-System. Da selbst die kleinsten Teilchen, wie die Elektronen, sich langsamer bewegen, ist die Materie selbst betroffen.

Und umgekehrt gilt wiederum das gleiche! Unsere Freunde würden behaupten, daß alles in unserem Sonne-Erde-System sich langsamer bewegt als in ihrem. Sie würden uns langsamer gehen und sprechen sehen, für sie würden unsere Herzen langsamer schlagen, und alles, was unseren Uhren zufolge 8 Minuten dauert, würde ihren Uhren zufolge 9½ Minuten dauern. Nun sind wir diejenigen, die zum Uhrmacher gegangen sind, um unsere Uhren langsamer stellen zu lassen. Natürlich versichern sie uns, daß in ihrem System alles normal schnell ist, während wir versichern, daß das gleiche für unser System gilt.

So seltsam das alles schon bei gegenseitiger Beobachtung erscheint, so fangen die eigentlichen Komplikationen doch erst an, wenn wir von einem System ins andere reisen. Bedenken Sie: Wenn wir unsere Freunde anschauen, behaupten wir, daß wir stillstehen, während sie mit 160000 km/s relativ zu uns fliegen. Mit anderen Worten: Sie bewegen sich um 160000 km/s schneller als wir. Wenn wir sie besuchen wollen, müssen wir uns in ein Raumschiff setzen und eine Geschwindigkeit von über 160000 km/s erreichen, bevor wir auf ihrer Erde landen können. Unsere Freunde stehen natürlich vor der gleichen Situation. Wenn sie uns anschauen, behaupten sie, daß sie stillstehen und wir uns um 160000 km/s schneller bewegen als sie. Wenn sie uns besuchen möchten, müssen also auch sie ein

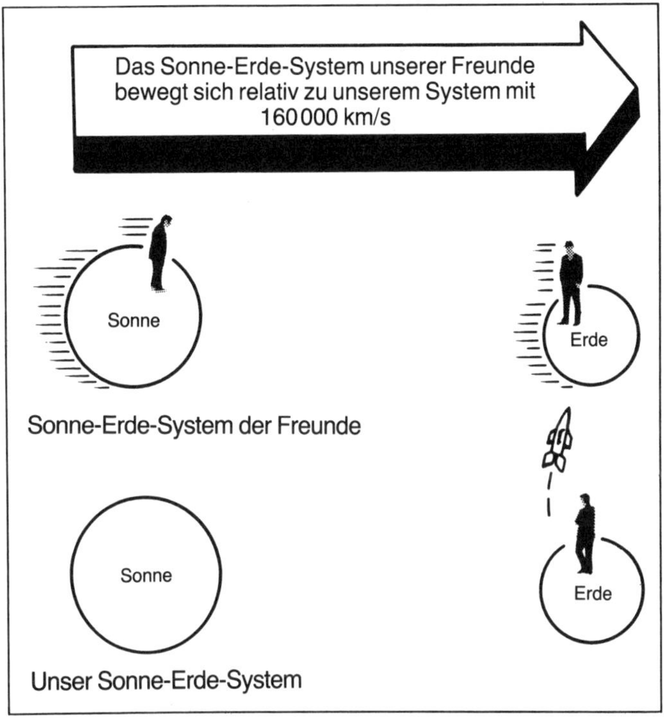

Abb. 7–3. Das Zwillingsparadoxon. Jon reist zum Sonne-Erde-System unserer Freunde und landet auf ihrer Erde. Dort wird er behaupten, daß sein Zwillingsbruder Ron nun langsamer altert, und Ron wird behaupten, daß Jon langsamer altert.

Raumschiff besteigen und eine Geschwindigkeit von über 160000 km/s erreichen, bevor sie auf unserer Erde landen können. In beiden Fällen ist es nötig, ein Raumschiff von 0 km/s auf über 160000 km/s zu beschleunigen, bevor man das jeweils andere Sonne-Erde-System besuchen kann.

Das führt uns zu der Geschichte von den Zwillingsbrüdern Jon und Ron, die mit uns in unserem Sonne-Erde-System leben. Eines Tages besteigt Jon ein Raumschiff und flitzt damit davon *(Abb. 7–3)*. Er beschleunigt auf mehr als 160000 km/s, fliegt zum Sonne-Erde-System unserer Freunde und landet auf ihrer Erde. Während seines

Abb. 7–4. Als Jon nach Hause kommt, begrüßt er seinen Zwillingsbruder Ron, der nun sein älterer Bruder ist. Während der Reise alterte Jon langsamer, weil er auf eine höhere Geschwindigkeit beschleunigt wurde.

Aufenthalts auf ihrer Erde bewegt sich Jon um 160000 km/s schneller als hier auf unserer Erde. Wenn Ron seinen Bruder beobachtet, scheint dieser langsamer zu altern. Aber wenn Jon zurückblickt, scheint Ron derjenige zu sein, der langsamer altert.* Dies Phänomen nennt man das Zwillingsparadoxon. Wie ist es möglich, daß jeder der beiden Brüder langsamer altert als der andere? Die Antwort ist natürlich, daß das nicht möglich ist! Jon ist der Bruder, der langsamer altert, weil er derjenige ist, der auf die höhere Geschwindigkeit beschleunigt wurde. Wenn Jon wieder nach Hause kommt, wird er seinen »Zwillings«-Bruder begrüßen, der während der Reise zu seinem älteren Bruder wurde *(Abb. 7–4)*.

Nehmen wir nun an, daß das Sonne-Erde-System unserer Freunde auf 240000 km/s beschleunigt wird *(Abb. 7–5)*. Wenn der

---

* Unsere Darstellung dessen, was Jon und Ron sehen, beschränkt sich auf die Voraussagen der Relativitätstheorie. Eine vollständige Erklärung dessen, was sie tatsächlich beobachten, würde einer ziemlich langwierigen Erörterung einer Reihe von Phänomenen bedürfen. Diese werden hier nicht abgehandelt, weil sie sich nicht direkt auf die Relativitätstheorie beziehen.

Mann auf der Sonne um 6.00 Uhr den Schalter betätigt, wird das Photon die Erde abermals um 6.08 Uhr noch nicht erreicht haben. Wieder müssen unsere Freunde ihre Uhren vom Uhrmacher langsamer stellen lassen. Nachdem sie ihre Uhren reguliert haben, kann der Mann auf der Sonne um 6.00 Uhr den Schalter betätigen, und auf der Erde wird das Photon um 6.08 Uhr erblickt.

Abb. 7–5. Wenn das Sonne-Erde-System unserer Freunde sich mit 240 000 km/s bewegt, werden sie abermals ihre Uhren langsamer stellen müssen. Natürlich werden sie dann behaupten, daß das Photon ihren Uhren zufolge 8 Minuten von ihrer Sonne zu ihrer Erde braucht. Wir hingegen behaupten, daß Photon brauche unseren Uhren zufolge ca. 13,5 Minuten.

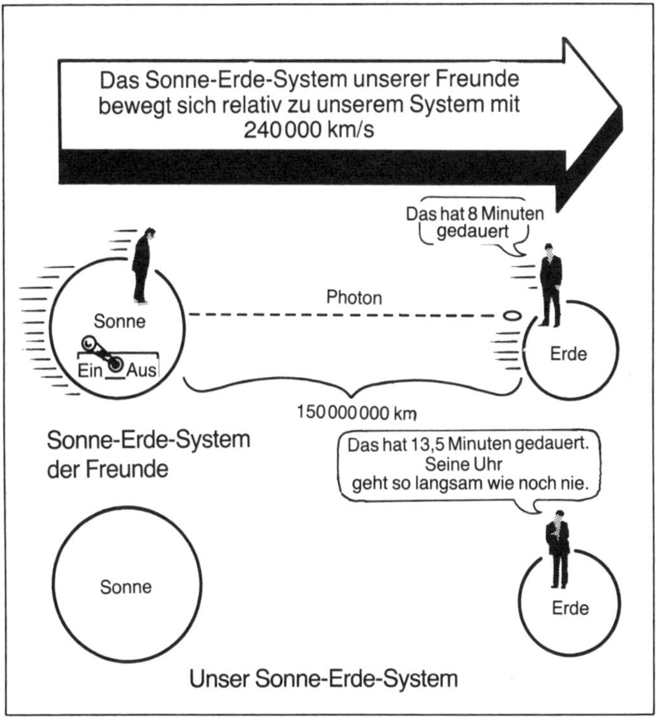

Mit dem Zuwachs an Geschwindigkeit werden wir unzweifelhaft die Dinge sich noch langsamer bewegen sehen als zuvor. Die Lorentzsche Gleichung gibt uns die neue, längere Zeitspanne an, die das Photon braucht, um unseren Uhren zufolge von der Sonne unserer Freunde zu deren Erde zu gelangen:

$$\begin{array}{c}\text{Zeit des Photons für seinen Weg}\\ \text{von der Sonne zur Erde unserer}\\ \text{Freunde nach ihrer Zeitberechnung}\end{array} =$$

$$\sqrt{1 - \frac{\left(\begin{array}{c}\text{Geschwindigkeit des Son-}\\ \text{ne-Erde-Systems unserer}\\ \text{Freunde relativ zu uns}\end{array}\right)^2}{(\text{Lichtgeschwindigkeit})^2}}\left(\begin{array}{c}\text{Zeit des Photons für}\\ \text{seinen Weg von der}\\ \text{Sonne zur Erde unserer}\\ \text{Freunde nach unserer}\\ \text{Zeitberechnung}\end{array}\right)$$

$$8\,\text{min} = \sqrt{1 - \frac{240\,000^2\ \text{km/s}}{300\,000^2\ \text{km/s}}}\left(\begin{array}{c}\text{Zeit des Photons für seinen Weg von}\\ \text{der Sonne zur Erde unserer Freunde}\\ \text{nach unserer Zeitberechnung}\end{array}\right)$$

$$\begin{array}{l}\text{Zeit des Photons für seinen}\\ \text{Weg von der Sonne zur Er-}\\ \text{de unserer Freunde nach}\\ \text{unserer Zeitberechnung}\end{array} = \frac{8\,\text{min}}{\sqrt{1 - \frac{240\,000^2\ \text{km/s}}{300\,000^2\ \text{km/s}}}}$$

$$\begin{array}{l}\text{Zeit des Photons für seinen}\\ \text{Weg von der Sonne zur Er-}\\ \text{de unserer Freunde nach}\\ \text{unserer Zeitberechnung}\end{array} = \text{ungefähr } 13\tfrac{1}{2} \text{ Minuten}$$

Wenn unsere Freunde zu uns herüberschauen, werden natürlich wir diejenigen sein, die sich langsamer zu bewegen scheinen. 8 Minuten auf unserer Uhr werden 13½ Minuten auf ihrer Uhr entsprechen.

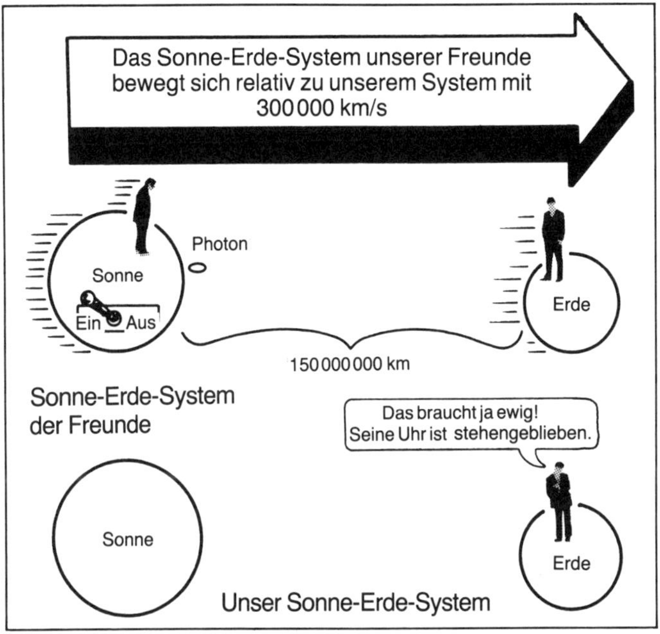

Abb. 7–6. Wenn das Sonne-Erde-System unserer Freunde sich mit 300 000 km/s bewegt, müssen sie ihre Uhren anhalten. Aber da das Photon ihre Sonne nie verläßt, werden wir behaupten, daß es unseren Uhren zufolge ewig braucht.

Nun gehen wir bis zum Äußersten und stellen uns wieder vor, daß unsere Freunde mit ihrem Sonne-Erde-System mit Lichtgeschwindigkeit an uns vorbeifliegen, also mit 300 000 km/s *(Abb. 7–6).* Um 6.00 Uhr betätigt der Mann auf der Sonne den Schalter, und diesmal verläßt das Photon die Sonne überhaupt nicht. Jetzt müssen unsere Freunde ihre Uhren zum Uhrmacher bringen und sie völlig anhalten lassen. Bei Lichtgeschwindigkeit steht die Zeit still.

Als unsere Freunde sich immer schneller durch das All bewegten, entsprach eine Zeitspanne von 8 Minuten für sie erst 9½ Minuten, dann 13½ Minuten, und nun schließlich einer unendlichen Zeitspanne. Es scheint jetzt so, daß ihr Photon für den Weg von ihrer

Sonne zu ihrer Erde ewig braucht. Tatsächlich wird das von der Lorentzschen Gleichung bestätigt:

$$\begin{array}{l}\text{Zeit des Photons für seinen Weg}\\ \text{von der Sonne zur Erde unserer}\\ \text{Freunde nach ihrer Zeitberechnung}\end{array} =$$

$$\sqrt{1-\frac{\left(\begin{array}{c}\text{Geschwindigkeit des Son-}\\ \text{ne-Erde-Systems unserer}\\ \text{Freunde relativ zu uns}\end{array}\right)^2}{(\text{Lichtgeschwindigkeit})^2}}\left(\begin{array}{c}\text{Zeit des Photons für}\\ \text{seinen Weg von der}\\ \text{Sonne zur Erde unserer}\\ \text{Freunde nach unserer}\\ \text{Zeitberechnung}\end{array}\right)$$

$$8\,\text{min} = \sqrt{1-\frac{300\,000^2\ \text{km/s}}{300\,000^2\ \text{km/s}}}\left(\begin{array}{c}\text{Zeit des Photons für seinen Weg von}\\ \text{der Sonne zur Erde unserer Freunde}\\ \text{nach unserer Zeitberechnung}\end{array}\right)$$

$$\begin{array}{l}\text{Zeit des Photons für seinen}\\ \text{Weg von der Sonne zur Er-}\\ \text{de unserer Freunde nach}\\ \text{unserer Zeitberechnung}\end{array} = \frac{8\,\text{min}}{\sqrt{1-\frac{300\,000^2\ \text{km/s}}{300\,000^2\ \text{km/s}}}}$$

$$\begin{array}{l}\text{Zeit des Photons für seinen}\\ \text{Weg von der Sonne zur Er-}\\ \text{de unserer Freunde nach}\\ \text{unserer Zeitberechnung}\end{array} = \text{unendlich}$$

Wenn die Zeit für unsere Freunde stillsteht, müssen ihre Herzen zu schlagen aufhören. Unter normalen Umständen würden sie natürlich sterben. In dieser Situation aber tritt das nicht ein, weil ihre Herzen nicht für *eine bestimmte Zeitspanne* zu schlagen aufgehört haben. Das alles gehört jedoch in den Bereich der reinen Spekulation, denn der Relativitätstheorie zufolge können wir uns gar nicht mit Lichtgeschwindigkeit bewegen – aber davon später mehr.

Wenn die Zeit in einem Sonne-Erde-System, das sich relativ zu uns mit hoher Geschwindigkeit bewegt, langsamer abzulaufen scheint, dann läuft sie für jeden und alles, was sich relativ zu uns bewegt, langsamer ab. Von außen betrachtet altert jeder, der vorbeifährt oder -fliegt, langsamer als wir. Allerdings ist seine Geschwindigkeit im Verhältnis zur Lichtgeschwindigkeit so gering, daß der Unterschied in der Schnelligkeit seines und unseres Alterns unerheblich ist. Es müßte sich schon jemand nahezu mit Lichtgeschwindigkeit bewegen, damit wir feststellen könnten, daß er wesentlich langsamer altert als wir. Jeder lebt, im Wortsinn, in seiner ganz eigenen Zeit.

Wir beschließen dieses Kapitel ebenso wie das vorige mit der Erinnerung daran, daß all diese absonderlichen Dinge geschehen, weil wir unsere Bewegung im All nicht feststellen können (Tatsache Eins), weil die Lichtgeschwindigkeit unabhängig von der Bewegung der Lichtquelle oder des Beobachters dieselbe bleibt (Tatsache Zwei) und weil wir uns entschlossen haben, die Resultate aus der Anwendung dieser beiden Tatsachen in einer logischen Ereignisfolge zu akzeptieren, so seltsam sie auch sein mögen.

Die Zeitmaschine

Seit vielen Jahren beschäftigen sich Science-Fiction-Autoren immer wieder fasziniert mit der Zeit. Die Relativitätstheorie goß sicherlich noch Öl ins Feuer, weil man die Vorstellung, in der Zeit rückwärts zu reisen, mühelos aus der Logik der Theorie selbst ableiten konnte. Wenn eine Uhr langsamer wird, wenn sie sich der Lichtgeschwindigkeit nähert und beim Erreichen der Lichtgeschwindigkeit stehenbleibt, dann muß sie rückwärts laufen, wenn die Lichtgeschwindigkeit überschritten wird. Anders gesagt: Wenn wir schneller als das Licht reisen könnten, könnten wir in der Zeit zurück reisen. Aus Gründen, die wir gleich besprechen werden, trifft diese faszinierende Vorstellung jedoch nicht zu. Inzwischen wollen wir zumindest einige Folgerungen aus dieser Argumentation betrachten.

Nehmen wir an, wir wollten Isaac Newton besuchen. Um den Besuch genießen zu können, wollen wir genau so alt bleiben, wie wir jetzt sind. Eine Möglichkeit dazu wäre, zum Mond zu reisen. Während wir geduldig auf dem Mond warten, packen wir die Erde in eine riesige Rakete und schicken sie auf eine Reise durchs Weltall, wobei sie schneller als mit Lichtgeschwindigkeit fliegt *(Abb. 8–1 und 8–2).* Die Zeit auf der Erde läuft rückwärts, vergangene Generationen erwachen zum Leben, und schließlich wandelt Isaac Newton wieder auf Erden. Wir halten die Rakete an, packen die Erde aus und besuchen Isaac Newton. Wenn wir wieder in unsere eigene Zeit zurückkehren möchten, müssen wir eine Rakete besteigen und nahezu mit Lichtgeschwindigkeit, aber nicht schneller, durch das Universum reisen *(Abb. 8–3 und 8–4).* Auf diese Weise altern wir langsamer, während die Menschen auf der Erde schneller altern. Generationen von Erdenmenschen ziehen an uns vorbei, bis endlich unsere eigene Generation wiedergeboren wird. Wir können unsere Rakete verlassen und nach Hause zurückkehren, um unsere Zeitgenossen zu begrüßen.

Oder stellen Sie sich für einen Moment den Tag vor, an dem die Sonne explodiert! Acht Minuten nach dem tatsächlichen Ereignis

Abb. 8–1. Um Isaac Newton zu besuchen, müssen wir die Erde in ein Raumschiff laden.

Abb. 8–2. Das Raumschiff muß schneller als mit Lichtgeschwindigkeit fliegen.

Abb. 8–3. Wenn das Raumschiff zurückkehrt, können wir die Erde ausladen und Isaac Newton besuchen.

Abb. 8–4. Um wieder zu unserer eigenen Zeit zurückzukehren, müssen wir das Raumschiff besteigen und ein wenig langsamer als mit Lichtgeschwindigkeit fliegen.

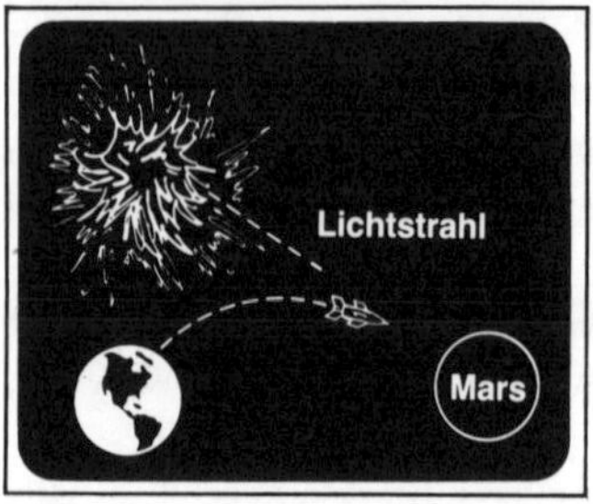

Abb. 8–5. Wenn wir die Sonne einmal haben explodieren sehen, müssen wir schneller als das Licht reisen, um sie noch einmal explodieren zu sehen.

sehen wir die atemberaubende Explosion am Himmel. Wir sind so fasziniert, daß wir sie noch einmal sehen möchten. Wir springen in eine Rakete und machen uns schneller als das Licht zum Mars auf *(Abb. 8–5).* Wir überholen das Licht der Explosion und landen auf dem Mars. Wenn wir aus der Rakete gestiegen sind, sehen wir am Himmel noch einmal, wie die Sonne explodiert.

Solcherart sind die Höhenflüge der Phantasie in der Welt der Relativität, oder genauer gesagt: aus der Welt der Relativität heraus. Das Geschwindigkeitsdiagramm *(Abb. 8–6)* stellt unsere Bewegung in der Zeit bei verschiedenen Geschwindigkeiten dar. Die schraffierten Flächen bezeichnen jene Geschwindigkeiten, die nach dem derzeitigen Wissensstand auf ewig der Science Fiction angehören werden. Jetzt gerade bewegen wir uns mit 24 Stunden pro Tag in die Zukunft. Das Diagramm zeigt, daß wir langsamer in die Zukunft kommen würden, wenn wir uns schneller durch das Universum bewegen könnten. Wenn wir uns mit Lichtgeschwindigkeit bewegen, stehen wir in der Zeit still, und wenn wir uns schneller als das Licht bewegen, reisen wir in der Zeit rückwärts. Beim anderen Extrem zeigt das Diagramm: Wenn wir langsamer als jetzt durch das Universum reisen könnten, würden wir uns schneller als mit den derzeitigen 24 Stunden pro Tag in die Zukunft bewegen. Beide Extreme, die durch die schraffierten Bereiche bezeichnet sind, sind unmöglich.

Wir wollen sehen, was passiert, wenn wir versuchen, die Zukunft zu betreten, oder anders gesagt: Wenn wir uns schneller als mit 24 Stunden pro Tag in die Zukunft bewegen wollen. Wir fangen an, indem wir eine Stelle im Universum suchen, die sich langsamer bewegt als die Erde. Der Mars wäre ein guter Kandidat, weil er die Sonne langsamer umkreist als die Erde. Die Erde bewegt sich mit ca. 30 km/s um die Sonne, der Mars hingegen mit ca. 24 km/s. Bevor wir aber daran denken können, unsere Reise anzutreten, sucht uns die Tatsache Eins der Relativitätstheorie heim. Unsere Unfähigkeit, unsere Bewegung im Raum festzustellen, zwingt uns zu dem Schluß, daß wir in jeder Hinsicht stillstehen und der Mars sich relativ zu uns bewegt. Infolgedessen müssen wir eine Rakete besteigen und auf irgendeine hohe Geschwindigkeit beschleunigen, um zum langsamen Mars zu kommen; die hohe Geschwindigkeit hindert uns jedoch daran, schneller in die Zukunft zu gelangen. Weder können wir die Welt anhalten, aussteigen und sie dann außer Sicht fliegen sehen, während wir darauf warten, daß der Mars zu uns fliegt, noch können wir eine Rakete besteigen und den Mars mit abnehmender Geschwindigkeit erreichen. Wegen Tatsache Eins bewegt sich von der Erde aus gesehen alles andere schneller als wir. Es ist einfach unmöglich, daß wir uns langsamer bewegen, als wir es bereits tun, und daher dürfen wir nicht hoffen, je schneller in die Zukunft reisen zu können.

Abb. 8–6.

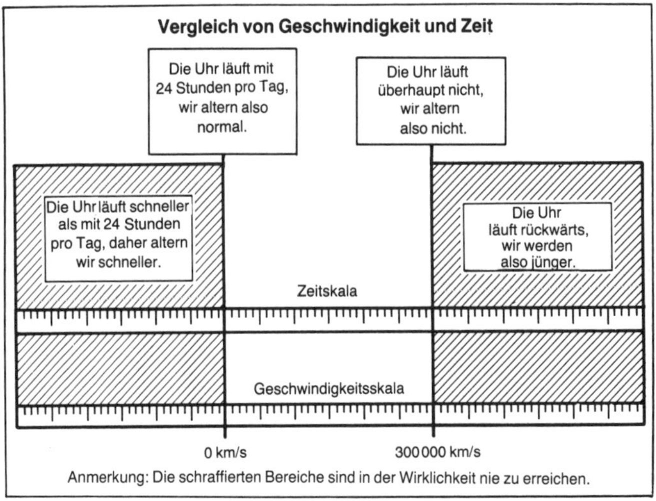

Nun betrachten wir das andere Extrem und schauen, was passiert, wenn wir versuchen, schneller als mit Lichtgeschwindigkeit zu reisen. Wir wissen bereits: Wenn wir jemanden beobachten, der sich mit hoher Geschwindigkeit bewegt, läuft seine Uhr und schlägt sein Herz langsamer als bei uns. Erinnern wir uns an das Zwillingsparadoxon: Wir fanden heraus, daß Jon, als er mit 160000 km/s reiste, langsamer alterte als sein Bruder Ron, der hier auf der Erde blieb. Wir können wieder die vierte Lorentzsche Gleichung verwenden, um zu zeigen, daß eine Zeitspanne von 9,5 Minuten für Ron 8 Minuten für Jon entspricht. Zunächst müssen wir die Lorentzsche Gleichung so umschreiben, daß sie die Situation der beiden Zwillinge wiedergibt:

$$\begin{matrix}\text{Zeitspanne}\\ \text{laut Jons Uhr}\end{matrix} = \sqrt{1 - \frac{\left(\begin{matrix}\text{Geschwindigkeit von}\\ \text{Jon relativ zu Ron}\end{matrix}\right)^2}{(\text{Lichtgeschwindigkeit})^2}} \left(\begin{matrix}\text{Zeitspanne laut}\\ \text{Rons Uhr}\end{matrix}\right)$$

Durch Einsetzen der richtigen Werte erhalten wir:

$$\begin{matrix}\text{Zeitspanne}\\ \text{laut Jons Uhr}\end{matrix} = \sqrt{1 - \frac{160\,000^2 \text{ km/s}}{300\,000^2 \text{ km/s}}}\ (9{,}5 \text{ min})$$

Zeitspanne laut Jons Uhr = ungefähr 8 Minuten

Wenn Jon mit 240000 km/s gereist wäre, hätte die Zeitspanne von 9,5 Minuten für Ron einer Zeitspanne von 5,7 Minuten entsprochen:

$$\begin{matrix}\text{Zeitspanne}\\ \text{laut Jons Uhr}\end{matrix} = \sqrt{1 - \frac{\left(\begin{matrix}\text{Geschwindigkeit von}\\ \text{Jon relativ zu Ron}\end{matrix}\right)^2}{(\text{Lichtgeschwindigkeit})^2}} \left(\begin{matrix}\text{Zeitspanne laut}\\ \text{Rons Uhr}\end{matrix}\right)$$

$$\text{Zeitspanne laut Jons Uhr} = \sqrt{1 - \frac{240\,000^2 \text{ km/s}}{300\,000^2 \text{ km/s}}}\ (9{,}5 \text{ min})$$

Zeitspanne laut Jons Uhr = 5,7 Minuten

Wenn Jon nun aber mit Lichtgeschwindigkeit gereist wäre, also mit 300 000 km/s, würde eine Zeitspanne von 9,5 Minuten für Ron einer Zeitspanne von 0 Minuten für Jon entsprechen:

$$\text{Zeitspanne laut Jons Uhr} = \sqrt{1 - \frac{\left(\text{Geschwindigkeit von Jon relativ zu Ron}\right)^2}{(\text{Lichtgeschwindigkeit})^2}}\ \left(\text{Zeitspanne laut Rons Uhr}\right)$$

$$\text{Zeitspanne laut Jons Uhr} = \sqrt{1 - \frac{300\,000^2 \text{ km/s}}{300\,000^2 \text{ km/s}}}\ (9{,}5 \text{ min})$$

Zeitspanne laut Jons Uhr = 0 Minuten

Für Jon würde die Zeit tatsächlich stillstehen. Wird dieses Verfahren fortgesetzt, stellen wir fest: Wenn Jon schneller als das Licht gereist wäre, sagen wir mit 320 000 km/s, entspräche eine Zeitspanne von 9,5 Minuten für Ron einer Zeitspanne mit einem »imaginären« Wert für Jon. Eine imaginäre Zahl erhalten wir, wenn wir versuchen, aus einer negativen Zahl die Quadratwurzel zu ziehen.

$$\text{Zeitspanne laut Jons Uhr} = \sqrt{1 - \frac{\left(\text{Geschwindigkeit von Jon relativ zu Ron}\right)^2}{(\text{Lichtgeschwindigkeit})^2}}\ \left(\text{Zeitspanne laut Rons Uhr}\right)$$

$$\text{Zeitspanne laut Jons Uhr} = \sqrt{1 - \frac{320\,000^2 \text{ km/s}}{300\,000^2 \text{ km/s}}}\ (9{,}5 \text{ min})$$

$$\text{Zeitspanne laut Jons Uhr} \cong \sqrt{1 - 1{,}14}\ (9{,}5 \text{ min})$$

Zeitspanne laut Jons Uhr $\cong \sqrt{-0{,}14}$ (9,5 min)

Zeitspanne laut Jons Uhr $\cong \sqrt{+0{,}14}\ \sqrt{-1}$ (9,5 min)

Den Mathematikern zufolge ist

$\sqrt{-1} = i,$

welches man die imaginäre Einheit nennt. Daher gilt:

Zeitspanne laut Jons Uhr $\cong$ (0,37) i (9,5 min)

Zeitspanne laut Jons Uhr = ungefähr 3,5 i Minuten

Da niemand eine Vorstellung hat, wie 3,5 i Minuten in der Realität aussehen, ist es unmöglich, bezüglich einer Fortbewegung schneller als das Licht zu einer Schlußfolgerung zu kommen. Es gibt aber noch einen guten Grund, der uns daran hindert, schneller als mit Lichtgeschwindigkeit zu reisen – ein Grund, der im nächsten Kapitel deutlich werden soll.

Masse

Wie Länge und Zeit unterliegt auch die Masse für Beobachter, die sich geradlinig und mit konstanter Geschwindigkeit aneinander vorbeibewegen, einer Veränderung. Um zu verstehen, wie diese Veränderung zustandekommt, müssen wir uns zunächst ein etwas genaueres Verständnis der Begriffe Trägheit und Masse aneignen.

Ein riesiger Meteor, der durchs Weltall fliegt, trifft nicht auf Luftwiderstand und bewegt sich daher geradlinig und mit gleichbleibender Geschwindigkeit fort, bis er auf einen Gegenstand oder eine Kraft trifft. Ein Tischtennisball, der durchs Weltall fliegt, tut genau das gleiche *(Abb. 9–1).* Wenn der Meteor oder der Tischtennisball auf einen Gegenstand oder eine Kraft signifikanter Größe treffen, können sie angehalten oder in ihrer Bewegungsrichtung verändert werden. Allerdings scheint sicher, daß der Gegenstand oder die Kraft, wenn die Bewegung des Meteors oder des Tischtennisballs geändert werden sollen, für den Meteor größer sein müssen als für den Tischtennisball. Der Meteor setzt jedem Versuch, seinen Bewegungszustand zu ändern, mehr Widerstand entgegen als der Tischtennisball. Diesen Widerstand nennen wir Trägheit, und wir sagen in diesem Fall, daß der Meteor mehr Trägheit besitzt als der Tischtennisball.

Hier auf der Erde haben wir eine vergleichbare Situation, wenn wir an eine Lokomotive und einen Tischtennisball denken, die beide

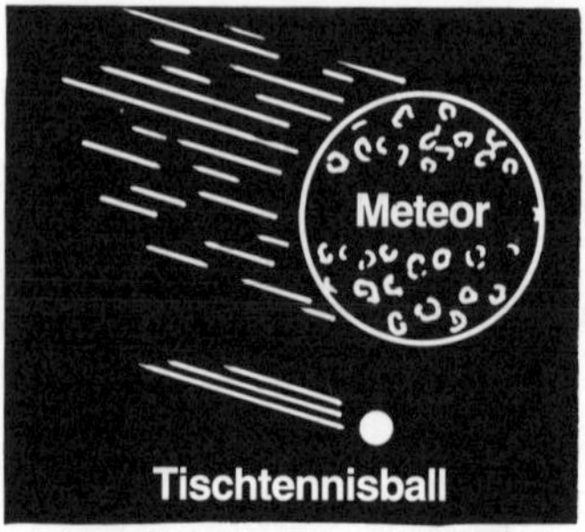

Abb. 9–1. Sowohl ein Meteor wie auch ein Tischtennisball bewegen sich geradlinig durch den Raum, wenn sie nicht von einer äußeren Kraft abgelenkt oder angehalten werden.

Abb. 9–2. Eine Lokomotive setzt dem Versuch, sie zu bewegen, mehr Widerstand entgegen als ein Tischtennisball.

Abb. 9–3. Ein Tischtennisball besitzt weniger Trägheit als eine Lokomotive.

stillstehen bzw. -liegen. Da es für uns schwieriger ist, die Lokomotive in Bewegung zu setzen als den Tischtennisball, ist klar, daß die Lokomotive jedem Versuch, ihren Bewegungszustand zu ändern, mehr Widerstand entgegensetzt als der Tischtennisball.* Abermals nennen wir diesen Widerstand Trägheit und sagen, daß die Lokomotive mehr Trägheit besitzt als der Tischtennisball *(Abb. 9–2 und 9–3)*.

Ganz allgemein nennt man den Widerstand eines Gegenstands gegen eine Kraft, die versucht, ihn anzutreiben, anzuhalten oder seinen Bewegungszustand auf irgendeine Weise zu verändern, Trägheit. Der Begriff der Trägheit spielt, wie wir bald sehen werden, eine wichtige Rolle bei der Definition der Masse.

---

* Der Ausdruck »Bewegungszustand« findet auch in einer Situation Anwendung, für die der Ausdruck »Ruhezustand« passender wäre.

Es ist möglich, sich die Masse als »Quantität der Materie« in einem Gegenstand vorzustellen – etwa als die Anzahl der Atome eines Gegenstands. Je mehr Atome im Gegenstand, desto größer ist seine Masse. Es ist allerdings wichtig, daß wir den Begriff der Masse nicht mit dem des Gewichts verwechseln. Das Gewicht eines Gegenstands ist die Kraft, mit der die Schwerkraft auf ihn einwirkt. Die Masse eines Gegenstands (bei einer bestimmten Temperatur) ist

Abb. 9–4. Auf dem Gipfel eines Berges wiegt man ein bißchen weniger als am Fuß.

unabhängig von seinem Ort dieselbe. Im Gegensatz dazu verändert sich das Gewicht eines Gegenstands mit seinem Ort. Am Fuß eines Berges wiegt man ein wenig mehr als auf seinem Gipfel *(Abb. 9–4)*. Am Fuß des Berges ist die Schwerkraft größer, weil man sich näher am Erdmittelpunkt befindet. Die Masse hingegen ändert sich nicht. Die Anzahl der Atome in Ihrem Körper bleibt dieselbe, ob Sie nun am Fuß eines Berges stehen oder auf dem Gipfel.

Abb. 9–5. Auf dem Mond beträgt Ihr Gewicht etwa ein Sechstel Ihres Gewichts hier auf der Erde.

Ein weiteres Beispiel: Stellen Sie sich vor, Sie würden sich auf dem Mond wiegen. Sie würden feststellen, daß Sie etwa ein Sechstel dessen wiegen, was Sie hier auf der Erde wiegen. Das liegt daran, daß die Schwerkraft des Mondes etwa ein Sechstel der Erdschwerkraft beträgt *(Abb. 9–5)*. Ihre Masse hingegen, also die Anzahl der Atome in Ihrem Körper, wäre immer noch dieselbe.

Abb. 9–6. Wo Sie sich auch befinden mögen, ob auf dem Mond, einem Berggipfel oder am Fuß eines Berges, brauchen Sie (ungeachtet der Reibung) die gleiche Kraft, um ein Buch auf einem Tisch zu verschieben.

Um noch genauer zu sein, können wir die Masse als das Maß der Trägkeit definieren, die ein Gegenstand, der keinerlei Reibung ausgesetzt ist, als Reaktion auf jeden Versuch aufweist, ihn in Bewegung zu setzen, anzuhalten oder seinen Bewegungszustand auf irgendeine Weise zu ändern. Wiederum verändert sich die Masse nicht mit dem Ort. Stellen Sie sich ein schweres Buch vor, das auf einem Tisch liegt. Man braucht – abgesehen von der Reibung – eine bestimmte Kraft, um das Buch waagerecht über den Tisch zu schieben. Wo der Tisch auch stehen mag, am Fuß eines Berges, auf dem Gipfel oder gar auf dem Mond – immer braucht man dieselbe Kraft, um das Buch zu verschieben *(Abb. 9–6)*. Der Unterschied der Schwerkraft an den drei Orten hat keinerlei Einfluß auf die Kraft, die man aufwenden muß, um das Buch waagerecht zu verschieben. Das Buch bietet an allen drei Orten denselben Widerstand, und infolgedessen ist seine Trägheit und damit seine Masse an allen drei Orten gleich.

Obwohl es nun so scheinen mag, daß wir zwei Definitionen für die Masse hätten, ergibt eine kleine Überlegung, daß wir nur zwei verschiedene Sichtweisen für ein und denselben Umstand haben. Ein riesiger Meteor hat mehr Trägheit als ein Tischtennisball, weil er einer Kraft, die versucht, seinen Bewegungszustand zu ändern, mehr Widerstand entgegensetzt. Außerdem hat er mehr Atome und folglich eine größere Masse als der Tischtennisball. Daraus folgt: Je größer die Trägheit, desto größer die »Quantität der Materie« eines Gegenstands und desto größer also seine Masse. Kurz gesagt: Die Masse ist also die »Quantität der Materie« eines Gegenstands, oder, um genau zu sein: Sie ist das Maß der Trägheit, die ein Gegenstand ungeachtet der Reibung jedem Versuch, ihn in Bewegung zu setzen, anzuhalten oder seinen Bewegungszustand irgendwie zu verändern, entgegensetzt.

Obwohl die Masse eines Gegenstands sich nicht mit dem Ort ändert, ändert sie sich mit der Geschwindigkeit. Das wurde zuerst im Experiment beobachtet und später von Einstein erklärt. Schon 1901 stellte ein Wissenschaftler namens Walter Kaufmann fest, daß die Masse eines Elektrons in Bewegung größer ist als die eines Elektrons im Ruhezustand. 1905 erklärte Einstein dieses Phänomen in seinem Aufsatz *Ist die Trägheit eines Körpers von seinem Energie-*

inhalt abhängig?, derselben Arbeit, in der er E = mc^2 schrieb. Um den Grund dafür zu verstehen, müssen wir uns weiter in die Veränderungen vertiefen, die in relativ zu uns bewegten Umgebungen entstehen.

Stellen Sie sich eine Rakete vor, die 10 000 km lang ist und absolut stillsteht. Ein Freund, der an der Spitze der Rakete steht, kann mit seiner Stoppuhr die Tatsache bestätigen, daß eine Kanonenkugel, die mit 10 000 km/h vom Ende der Rakete bis zu ihrer Spitze fliegt, für den Weg eine Stunde braucht *(Abb. 9–7)*. Nun stellen Sie sich vor, daß die Rakete sich geradlinig und mit gleichbleibender Geschwindigkeit durch unser Blickfeld bewegt. Sie fliegt mit recht hoher Geschwindigkeit, die der Lichtgeschwindigkeit nahekommt. Für unseren Freund in der Rakete sieht alles so aus wie zuvor. Da er seine Bewegung im All nicht feststellen kann, behauptet er, daß er stillsteht und daß die Kanonenkugel, die mit 10 000 km/h durch die Rakete rast, immer noch eine Stunde vom einen Ende bis zum anderen braucht. Aber wenn wir die Rakete betrachten, bemerken wir, daß sie in Bewegungsrichtung kürzer zu sein scheint und daß die Stoppuhr unseres Freundes langsamer läuft als bei der stillstehenden Rakete. Nun, da die Rakete sich bewegt, vergeht die Zeit in ihr langsamer. Eine Zeitspanne von einer Stunde für unseren Freund entspricht einer etwas größeren Zeitspanne für uns. Infolgedessen braucht aus unserer Sicht die Kanonenkugel länger, um eine Entfernung zurückzulegen, die nun kürzer als 10 000 km ist. Daher fliegt die Kanonenkugel mit einer etwas geringeren Geschwindigkeit

Abb. 9–7. In einer 10 000 km langen Rakete, die völlig stillsteht, braucht eine Kanonenkugel, die mit 10 000 km/h vom Ende der Rakete bis zur Spitze fliegt, eine Stunde für den Weg.

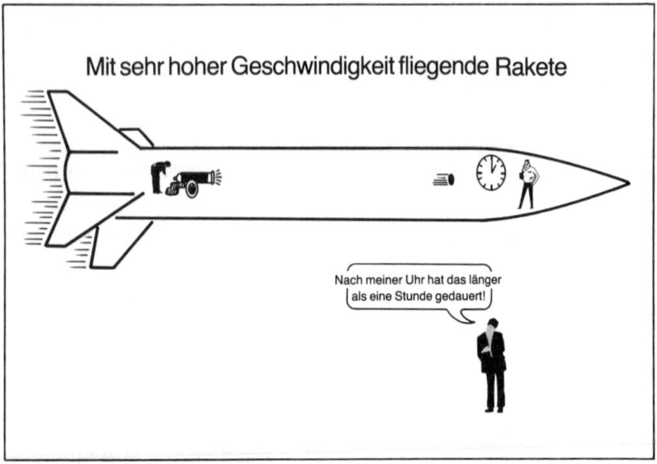

Abb. 9–8. Stellen Sie sich eine 10 000 km lange Rakete vor, die mit sehr hoher Geschwindigkeit fliegt. Da die Rakete anscheinend kürzer wird, stellen wir fest, daß eine Kanonenkugel, die mit 10 000 km/h vom Ende der Rakete zu ihrer Spitze fliegt, einen Weg zurücklegt, der anscheinend kürzer ist als 10 000 km. Daher werden wir folgern, daß die Geschwindigkeit der Kanonenkugel geringer ist als 10 000 km/h.

als 10 000 km/h. Ganz allgemein sagen wir, daß Gegenstände in einer bewegten Umgebung sich langsamer zu bewegen scheinen *(Abb. 9–8)*.

Natürlich sind wir bei unserer Erörterung der Zeit zum gleichen Schluß gekommen. Wir hatten festgestellt, daß die Zeiger einer Uhr sich in einer bewegten Umgebung langsamer bewegen, die Herzen langsamer schlagen und die Menschen langsamer sprechen und gehen. Wir sagten auch, daß alles um so langsamer abläuft, je schneller die Umgebung sich bewegt, und daß bei Lichtgeschwindigkeit die Zeit und alles andere stillstehen. Daraus folgt, daß die Kanonenkugel immer langsamer zu fliegen scheint, je schneller sich die Rakete bewegt, und anscheinend stillsteht, wenn die Rakete Lichtgeschwindigkeit erreicht.

Betrachten wir nun die Situation, wenn die Rakete unser Blickfeld mit 15 000 km/s durchquert *(Abb. 9–9)*. In der Rakete feuert unser

Freund die Kanone in Bewegungsrichtung ab und läßt dabei eine Kraft auf die Kugel wirken, die ausreicht, um sie mit 25000 km/s von einem Ende der Rakete zum anderen fliegen zu lassen. Der gesunde Menschenverstand sagt uns, daß wir die Kanonenkugel mit 40000 km/s (15000 km/s plus 25000 km/s) unser Blickfeld durchqueren sehen sollten. Wie wir jedoch bereits feststellten, scheinen Gegenstände in einer bewegten Umgebung sich langsamer zu bewegen als der gesunde Menschenverstand meint. Daher müssen wir folgende Formel anwenden, um die Geschwindigkeit der Kanonenkugel zu berechnen:

$$\text{Von uns beobachtete Geschwindigkeit der Kanonenkugel} = \frac{\left(\text{Geschwindigkeit der Rakete}\right) + \left(\text{Von unserem Freund beobachtete Geschwindigkeit der Kanonenkugel}\right)}{1 + \dfrac{\left(\text{Geschwindigkeit der Rakete}\right)\left(\text{Von unserem Freund beobachtete Geschwindigkeit der Kanonenkugel}\right)}{(\text{Lichtgeschwindigkeit})^2}}$$

Abb. 9–9. Stellen Sie sich eine Rakete vor, die unser Blickfeld mit 15000 km/s durchquert. Wenn wir eine Kanone abfeuern und damit eine Kraft auf die Kanonenkugel wirken lassen, die diese mit 25000 km/s fliegen läßt, erwarten wir, daß die Kanonenkugel unser Blickfeld mit 40000 km/s durchquert. Wir stellen jedoch fest, daß die Geschwindigkeit der Kanonenkugel nur 39834 km/s beträgt.

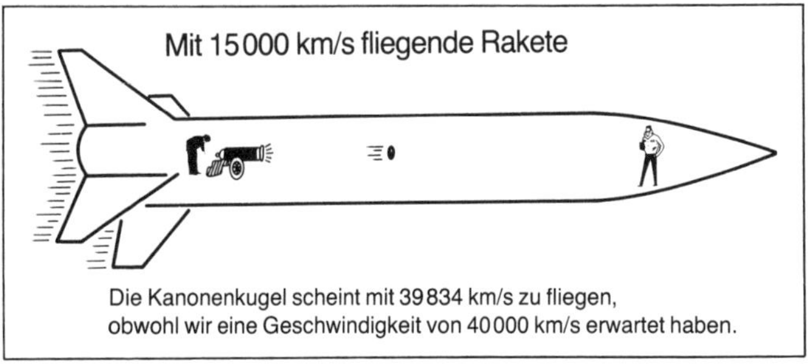

Durch Einsetzen der entsprechenden Werte erhalten wir:

$$\text{Von uns beobachtete Geschwindigkeit der Kanonenkugel} = \frac{15\,000\ \text{km/s} + 25\,000\ \text{km/s}}{1 + \dfrac{15\,000\ \text{km/s} \cdot 25\,000\ \text{km/s}}{300\,000^2\ \text{km/s}}}$$

$$\text{Von uns beobachtete Geschwindigkeit der Kanonenkugel} \cong 39\,834\ \text{km/s}$$

Der Geschwindigkeitszuwachs der Kanonenkugel scheint also 24 834 km/s zu betragen und nicht, wie erwartet, 25 000 km/s.

Nun stellen Sie sich vor, daß die Rakete unser Blickfeld mit 150 000 km/s durchquert *(Abb. 9–10)*. In der Rakete feuert unser Freund die Kanone ab und läßt damit abermals eine Kraft auf sie

Abb. 9–10. Stellen Sie sich vor, die Rakete würde unser Blickfeld mit 150 000 km/s durchqueren. Wenn wir eine Kanone abfeuern und damit eine Kraft auf die Kanonenkugel wirken lassen, die diese mit 25 000 km/s fliegen läßt, erwarten wir, daß die Kanonenkugel unser Blickfeld mit 175 000 km/s durchquert. Wir stellen jedoch fest, daß die Geschwindigkeit der Kanonenkugel nur 168 000 km/s beträgt.

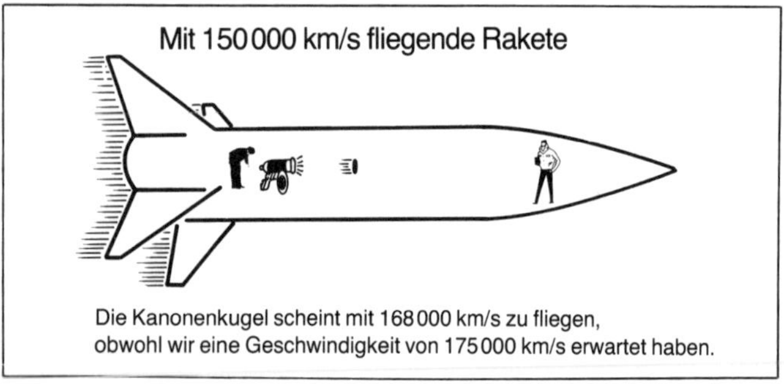

wirken, die ausreicht, um die Kanonenkugel mit 25000 km/s von einem Ende der Rakete zum anderen fliegen zu lassen. Der gesunde Menschenverstand sagt uns, daß die Kanonenkugel unser Blickfeld mit 175000 km/s durchqueren muß (150000 km/s plus 25000 km/s). Doch wiederum bewegt sich die Kanonenkugel in Wirklichkeit langsamer. Mit unserer Formel erhalten wir:

$$\text{Von uns beobachtete Geschwindigkeit der Kanonenkugel} = \frac{\begin{pmatrix}\text{Geschwindig-}\\\text{keit der}\\\text{Rakete}\end{pmatrix} + \begin{pmatrix}\text{Von unserem Freund be-}\\\text{obachtete Geschwindig-}\\\text{keit der Kanonenkugel}\end{pmatrix}}{1 + \dfrac{\begin{pmatrix}\text{Geschwindig-}\\\text{keit der}\\\text{Rakete}\end{pmatrix}\begin{pmatrix}\text{Von unserem Freund be-}\\\text{obachtete Geschwindig-}\\\text{keit der Kanonenkugel}\end{pmatrix}}{(\text{Lichtgeschwindigkeit})^2}}$$

$$\text{Von uns beobachtete Geschwindigkeit der Kanonenkugel} = \frac{150000\ \text{km/s} + 25000\ \text{km/s}}{1 + \dfrac{150000\ \text{km/s} \cdot 25000\ \text{km/s}}{300000^2\ \text{km/s}}}$$

$$\text{Von uns beobachtete Geschwindigkeit der Kanonenkugel} \cong 168000\ \text{km/s}$$

Nun sehen wir, daß der Geschwindigkeitszuwachs der Kanonenkugel nur 18000 km/s zu betragen scheint und nicht, wie erwartet, 25000 km/s.

Wenn wir dieselben Gegebenheiten ohne die Rakete betrachten wollen, können wir uns vorstellen, wie ein Ball unser Blickfeld mit 15000 km/s durchquert. Wenn nun plötzlich eine Kraft auf den Ball wirkt, die ausreicht, um ihm eine zusätzliche Geschwindigkeit von

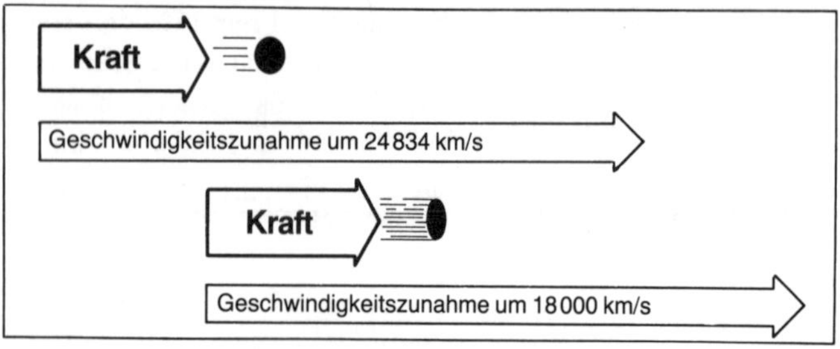

Abb. 9–11. Anfänglich fliegt der obere Ball mit 15000 km/s und der untere mit 150000 km/s. Man läßt die gleiche Kraft auf beide Bälle wirken, um beider Geschwindigkeit um 25000 km/s zu erhöhen. Die Illustration stellt dar, daß die Kraft, wenn sie auf den schnelleren Ball wirkt, weniger effektiv ist.

25000 km/s zu verleihen, wären wir sicherlich überrascht, wenn wir feststellten, daß der Ball nur um 24834 km/s schneller geworden ist. Aber wenn derselbe Ball unser Blickfeld mit 150000 km/s durchquerte und dieselbe Kraft auf ihn wirkte, wären wir unzweifelhaft noch überraschter, wenn wir feststellten, daß der Ball nur um 18000 km/s schneller geworden ist. Anscheinend ist dieselbe Kraft im zweiten Fall weniger wirksam als im ersten, und das liegt offenbar an der Anfangsgeschwindigkeit des Balls. Je größer die Anfangsgeschwindigkeit, desto weniger wirksam die Kraft *(Abb. 9–11).*

Wenn dieselbe Kraft bei höherer Anfangsgeschwindigkeit des Balls weniger wirksam ist, folgt daraus, daß der sich schneller bewegende Ball der Kraft mehr Widerstand entgegensetzt. Der sich schneller bewegende Ball besitzt größere Trägheit, weil er einer Kraft, die auf ihn wirkt, um ihn zu bewegen, größeren Widerstand entgegensetzt: Also besitzt er eine größere Masse. Den Zuwachs an Masse, den wir bei einem Gegenstand beobachten können, der unser Blickfeld durchquert, läßt sich mit einer Formel berechnen, die Einstein in seiner Arbeit von 1905 niederlegte. Die Formel sieht ganz ähnlich aus wie die von Hendrik Lorentz formulierten.

$$\text{Masse des Gegenstands, der sich durch unser Blickfeld bewegt} = \frac{\text{Masse des Gegenstands, der relativ zu uns stillsteht}}{\sqrt{1 - \frac{\left(\text{Geschwindigkeit des Gegenstands relativ zu uns}\right)^2}{(\text{Lichtgeschwindigkeit})^2}}}$$

Angenommen, die Masse eines Raumschiffs, das unser Blickfeld mit 15000 km/s durchquert, betrage dann 2 Millionen kg, wenn es relativ zu uns stillsteht. Durch Einsetzen dieser Werte in unsere Formel erhalten wir:

$$\text{Masse des Gegenstands, der sich durch unser Blickfeld bewegt} = \frac{2\,000\,000 \text{ kg}}{\sqrt{1 - \frac{15\,000^2 \text{ km/s}}{300\,000^2 \text{ km/s}}}}$$

$$\text{Masse des Gegenstands, der sich durch unser Blickfeld bewegt} = 2\,002\,504 \text{ kg}$$

Wenn sich das Raumschiff mit 150000 km/s durch unser Blickfeld bewegt, können wir die Werte in die Formel einsetzen und erhalten:

$$\text{Masse des Gegenstands, der sich durch unser Blickfeld bewegt} = \frac{\text{Masse des Gegenstands, der relativ zu uns stillsteht}}{\sqrt{1 - \frac{\left(\text{Geschwindigkeit des Gegenstands relativ zu uns}\right)^2}{(\text{Lichtgeschwindigkeit})^2}}}$$

$$\text{Masse des Gegenstands, der sich durch unser Blickfeld bewegt} = \frac{2\,000\,000 \text{ kg}}{\sqrt{1 - \frac{150\,000^2 \text{ km/s}}{300\,000^2 \text{ km/s}}}}$$

$$\text{Masse des Gegenstands, der sich durch unser Blickfeld bewegt} = 2\,309\,401\ \text{kg}$$

Offensichtlich ist die Masse des Raumschiffs um so größer, je schneller es sich bewegt. Wenn es mit Lichtgeschwindigkeit fliegen könnte, sagt die Formel voraus, daß seine Masse unendlich würde!

$$\text{Masse des Gegenstands, der sich durch unser Blickfeld bewegt} = \frac{\text{Masse des Gegenstands, der relativ zu uns stillsteht}}{\sqrt{1 - \frac{\left(\text{Geschwindigkeit des Gegenstands relativ zu uns}\right)^2}{(\text{Lichtgeschwindigkeit})^2}}}$$

$$\text{Masse des Gegenstands, der sich durch unser Blickfeld bewegt} = \frac{2\,000\,000\ \text{kg}}{\sqrt{1 - \frac{300\,000^2\ \text{km/s}}{300\,000^2\ \text{km/s}}}}$$

$$\text{Masse des Gegenstands, der sich durch unser Blickfeld bewegt} = \text{unendlich}$$

Die Tatsache, daß die Masse eines Raumschiffs bei Lichtgeschwindigkeit unendlich groß wäre, ist ein weiterer Grund dafür, daß wir nie mit Lichtgeschwindigkeit reisen können. Um ein Raumschiff von unendlicher Masse in Bewegung zu setzen, würden wir eine unendliche Menge Energie brauchen, und das ist mehr Energie, als es im gesamten Universum gibt!

$E = mc^2$

An früherer Stelle in diesem Buch stellten wir eine Formel vor, die Isaac Newton im 17. Jahrhundert zum ersten Mal niederschrieb. Sie lautet:

Kraft = Masse × Beschleunigung

Unter anderem sagt uns die Formel, daß die beim Werfen eines Balls aufgewendete Kraft durch das Multiplizieren der Masse des Balls mit seiner Beschleunigung ermittelt werden kann *(Abb. 10–1)*. Wenn Sie den Arm nach vorn schwingen und den Ball loslassen, beschleunigen Sie den Ball von einer Geschwindigkeit von 0 km/h auf beispielsweise 40 km/h im Moment des Loslassens. Wenn Sie mehr Mühe und eine größere Kraft aufwenden, mag es Ihnen gelingen, den Ball von 0 km/h auf vielleicht 60 km/h zu beschleunigen. Je mehr Kraft Sie aufwenden, desto größer die Beschleunigung oder Geschwindigkeitsänderung des Balls.

Obwohl man schon lange erkannt hatte, daß eine Kraft die Geschwindigkeit eines Balls vergrößert bzw. ihn beschleunigt, hatte niemand je Grund zu der Annahme, daß die Anwendung einer Kraft die Masse des Balls verändere. Warum sollte sich auch ein bewegter Ball so verhalten, als hätte er wunderbarerweise mehr Masse bekom-

Abb. 10–1. Die Kraft, die man braucht, um einen Ball zu werfen, ist gleich seiner Masse mal seiner Beschleunigung.

men? 1905 jedoch zeigte Albert Einstein, daß ein sich bewegender Ball mehr Masse besitzt als einer in Ruhelage. Das war vor allem deswegen eine bemerkenswerte Entdeckung, weil sie, wie so viele andere Erkenntnisse Albert Einsteins, dem gesunden Menschenverstand Hohn sprach. Die Krönung des Ganzen lag jedoch darin, daß Einstein auf der Basis dieser Erkenntnis eine der grundlegendsten Beziehungen in der Natur entdeckte: die Gleichwertigkeit von Masse und Energie.

Für unsere Zwecke bedarf der Energiebegriff keiner formalen Definition. Je stärker ein Ball geschleudert wird, desto mehr Energie besitzt er. Je größer die Kraft, mit der ein Ball geworfen wird, desto größer sind seine Geschwindigkeit, seine Masse und seine Energie im Moment des Loslassens. Intuitiv ist also leicht zu begreifen, daß ein Ball um so mehr Energie besitzt, je schneller er sich bewegt. Das trifft zwar wirklich zu, doch resultiert der Energiezuwachs nicht allein aus der gesteigerten Geschwindigkeit, sondern auch aus dem kleinen Zuwachs an Masse. Einstein, der diese Beziehung zwischen Masse und Energie ahnte, mußte »lediglich« bestimmen, wie die beiden mathematisch miteinander verknüpft sind. Mit Hilfe der von ihm entwickelten Formel, die die Beziehung zwischen der Masse eines Gegenstands und seiner Geschwindigkeit angibt, und mit bereits vorhandenen Formeln, die die Beziehung zwischen der Energie und der Geschwindigkeit bewegter Gegenstände angaben, fand er heraus, daß Masse und Energie durch das Quadrat der Lichtgeschwindigkeit miteinander in Beziehung stehen *(Abb. 10–2)*.

Abb. 10–2.

Genauer gesagt, entspricht die Energie eines bewegten Gegenstands seiner Masse mal der Lichtgeschwindigkeit zum Quadrat plus der Bewegungsenergie. Aber wenn sich der Gegenstand nicht bewegt, besitzt er keine Bewegungsenergie, und dann gilt einfach die Beziehung $E = mc^2$ *(Abb. 10–3).* Es stellt sich heraus, daß Masse und Energie nur verschiedene Formen ein und derselben Sache sind.

Nun sind wir endlich an dem Punkt, da wir die Frage beantworten können, mit der unsere Geschichte begann. Wie der Leser sich erinnern mag, lautete die ursprüngliche Frage: »Wie kann das Licht der Sterne sich durch den luftleeren Raum des Alls fortpflanzen?« Die

Abb. 10–3.

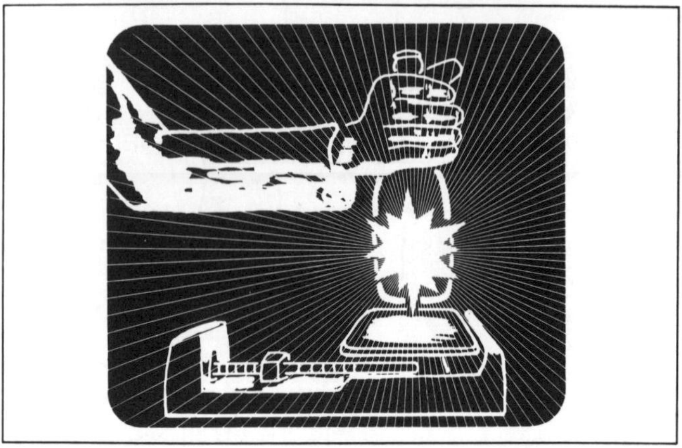

Abb. 10–4. Wenn wir eine Flasche Sternenlicht wiegen könnten, würden wir feststellen, daß es tatsächlich etwas wiegt!

Antwort findet sich in der Formel $E = mc^2$. Da Energie und Masse äquivalent sind, ist ein Photon, das ja aus reiner Energie besteht, einer Masse äquivalent. Wie eine Masse hat es eine eigene Wirklichkeit oder »Substanz«. Infolgedessen braucht es kein Medium wie den Äther, um sich im Universum zu bewegen. Ein Photon verhält sich wie ein Tischtennisball und braucht wie dieser kein Medium, um sich darin zu bewegen. Das alles läuft darauf hinaus, daß Sternenlicht, wenn wir es wiegen könnten, tatsächlich auch etwas wiegen würde *(Abb. 10–4).* Natürlich wäre es schwierig, Sternenlicht in einen Behälter zu füllen und eine Waage zu finden, die empfindlich genug ist, um solch ein verschwindend geringes Gewicht zu messen. Aber wenn wir es könnten, würden wir nicht enttäuscht.

Die Formel sagt aber noch viel mehr. Wenn wir zum Beispiel ein Atom auseinandernehmen würden, würden wir feststellen, daß es aus Protonen, Neutronen und Elektronen besteht. Wenn wir versuchten, eins dieser Teilchen, meinetwegen ein Elektron, zu erhaschen, würden wir vor einer unlösbaren Aufgabe stehen. Da man mindestens ein von dem Elektron ausgesendetes Photon braucht, um das Elektron überhaupt zu sehen, würde das Photon – da es ja Masse besitzt – das Elektron jedesmal durch seinen Rückstoß wegschieben, wenn wir versuchten, danach zu greifen. Das heißt, wir können den genauen Ort eines Elektrons nie herausfinden. Wir können bestenfalls sagen, daß eine gewisse Wahrscheinlichkeit besteht, daß das Elektron hier oder dort ist, aber den genauen Ort können wir nicht bestimmen *(Abb. 10–5)*. Wenn wir versuchen, unsere Hand auf feste, substantielle, wiegbare Materie zu legen, finden wir, daß das unmöglich ist. Wir stellen fest, daß die Materie, die wir mit den Sinnen wahrnehmen, in Wirklichkeit nichts anderes ist als eine Form konzentrierter Energie, so wie es die Formel $E = mc^2$ besagt. Ebenso wie reine Energie, beispielsweise Sternenlicht, als etwas »mit Substanz« betrachtet werden kann, kann Materie als etwas »ohne Substanz« betrachtet werden!

In dieser Formel steckt unter anderem auch eine sehr dramatische Aussage, die das moderne Leben mittlerweile überschattet. Das ist die Tatsache, daß ein winziges bißchen Masse eine gewaltige Energiemenge besitzt. $E = mc^2$ erklärt das Freiwerden gewaltiger Energiemengen bei einer Kernspaltungsreaktion – eine Tatsache, die zum ersten Mal durch eine riesige, pilzförmige Wolke illustriert wurde, die in den frühen Morgenstunden des 16. Juli 1945 über dem Wüstensand von New Mexico erschien *(Abb. 10–6)*.

Als Einstein 1905 die Beziehung zwischen Masse und Energie entdeckte, dachte er nicht an die Möglichkeit, daß sie eines Tages zu

Abb. 10–5.

Abb. 10–6. Die Geburt des Atomzeitalters. Einen Moment lang war das Licht der Explosion so intensiv, daß man es auf einem anderen Planeten hätte sehen können.

Kernwaffen führen könnte. Sogar noch 1939, als er einen Brief an den amerikanischen Präsidenten Franklin D. Roosevelt unterzeichnete, in dem er diesen aufforderte, ein Forschungsprojekt in Gang zu bringen, das zur Konstruktion einer Atombombe führen sollte, behauptete Einstein, daß eine derartige Waffe während seiner Lebenszeit wahrscheinlich nicht mehr gebaut werden könne. An der wissenschaftlichen Arbeit, die zur Kernspaltung und schließlich zur Atombombe führte, hat er sich nie beteiligt. Aber er unterzeichnete den Brief an Roosevelt, weil er die Sorge seiner wissenschaftlichen Kollegen in den USA teilte, es könne den Nazis gelingen, solch eine Waffe zu bauen. Ihre Ängste waren wohlbegründet, denn es waren Deutsche, Otto Hahn und Fritz Straßmann, denen Ende 1938 zum ersten Mal eine Atomspaltung gelang. Ihre Arbeit führten sie am Kaiser-Wilhelm-Institut in Berlin durch, dessen Direktor Einstein einst gewesen war.

Am 6. August 1945 wurde die Atombombe auf Hiroshima abgeworfen. Als seine Sekretärin Helen Dukas Einstein die Nachricht mitteilte, sagte er traurig: »Oh weh!«

Was ist Relativität?

Leider ist es praktisch unmöglich, den Begriff der Relativität mit einem knappen Satz zu definieren, der exakt ist und ein anschauliches Bild vermittelt. Einstein selbst formulierte das »Prinzip der Speziellen Relativität«, indem er von zwei Tatsachen im Universum ausging, von denen die eine dem gesunden Menschenverstand widersprach. Indem er sehr sorgfältig eine Argumentationskette entwickelte, machte er sich daran, unsere Vorstellungen von Länge, Masse und Zeit zu verändern, wobei er zu Schlußfolgerungen kam, die ebenfalls dem gesunden Menschenverstand widersprachen. Eine dieser Schlußfolgerungen, die Veränderung der Masse mit der Geschwindigkeit, führte direkt zur Entdeckung einer der grundlegenden Beziehungen in der Natur: der Gleichwertigkeit von Masse und Energie. Daß die Formel $e = mc^2$ zutrifft, wird nur zu dramatisch durch die Atomwaffen bewiesen.

Während er diese Ideen entwickelte, ging Einstein stets davon aus, daß sich die Beobachter geradlinig und mit gleichbleibender Geschwindigkeit zueinander bewegen. Bei unserer Erörterung von Länge und Zeit gingen wir entsprechend davon aus, daß unsere Freunde auf ihrem Sonne-Erde-System sich geradlinig mit gleichbleibender Geschwindigkeit bewegten, und bei unserer Erörterung der Masse nahmen wir dasselbe für den Flug der 10000 km langen

Rakete an. Wir stellten auch fest, daß unsere Freunde, so schnell sie sich auch relativ zu uns bewegen mögen, ihre Bewegung im All nicht feststellen können und ihnen in ihrer eigenen Umgebung daher alles normal vorkommt. Daher führen alle ihre Messungen von Länge, Masse und Zeit zu denselben Werten, die wir erhielten, wenn wir diese Messungen in unserer eigenen Umgebung vornehmen würden. Da Länge, Masse und Zeit grundlegende Maßeinheiten sind, läßt sich in der Regel alles, was wir messen, auf diese Einheiten zurückführen. In unseren jeweiligen Laboratorien werden daher unsere Freunde und wir denselben Gefrierpunkt des Wassers feststellen und denselben Wert für die Dichte von Quecksilber oder für die Schwerkraft. Was wir auch messen, stets werden wir uns schließlich auf den gleichen Wert einigen, wenn auch jeder behaupten wird, daß der andere eine zu langsame Uhr und ein zu kurzes Maßband verwendet, wenn er in seiner Bewegungsrichtung mißt. Wenn wir bei den gemessenen Dingen zu denselben Ergebnissen gekommen sind, werden wir endlich entdecken, daß die gleichen Vorgänge, wenn sie in beiden Umgebungen stattfinden, mit den selben physikalischen Gesetzen erklärt werden können. So gelten zum Beispiel Newtons Bewegungsgesetze für beide Umgebungen gleichermaßen, und ebenso die Gesetze, die das Verhalten von Gasen oder der Elektrizität erklären. Allgemein gesagt, behauptet das »Prinzip der Speziellen Relativität« folgendes:

> *Wenn physikalische Gesetze in einer Umgebung gültig sind, sind sie in einer Umgebung, die sich relativ zu jener geradlinig und mit gleichbleibender Geschwindigkeit bewegt, ebenso gültig.*

Alles bislang Erörterte gehört zur »Speziellen Relativitätstheorie«, weil wir von dem Spezialfall ausgegangen sind, daß die Beobachter sich relativ zueinander geradlinig und mit gleichbleibender Geschwindigkeit bewegen. Obwohl die meisten Leute keinen Unterschied zwischen der Speziellen und der Allgemeinen Relativitätstheorie machen, sind es die Ergebnisse der Speziellen Relativitätstheorie, die so gut bekannt sind. Es war auch die Spezielle Relativitätstheorie in Verbindung mit anderen um die Jahrhundertwende entwickelten Vorstellungen, die das Ende der Ära der klassischen Physik und den Anfang der modernen Physik einläutete. Und damit war es die Spezielle Relativitätstheorie, die den Menschen lehrte, daß er sich nie wieder allein auf seine Sinne verlassen könne, um die letzten Geheimnisse seiner Existenz zu ergründen. Was wir sehen, hören, schmecken, fühlen und riechen ist lediglich unsere persönliche Wahrnehmung und Interpretation der Realität. Unsere Umgebung läßt sich, wie sich herausstellte, nicht so leicht wahrnehmen oder verstehen; sie ist abstrakt, schwierig zu fassen und läßt sich vielleicht nur mit den seltsamen Symbolen und Zeichen des Mathematikers beschreiben.

Für Albert Einstein war noch kein Ende in Sicht. Unbefriedigt von der Notwendigkeit der Annahme, daß die Beobachter sich relativ zueinander geradlinig und mit gleichbleibender Geschwindigkeit bewegen, machte er sich daran, seine Theorie zu »verallgemeinern«, so daß dieselben Schlußfolgerungen auch für Beobachter gelten würden, die sich mit beliebiger Geschwindigkeit und in beliebige Richtung relativ zueinander bewegten. Diese Arbeit beanspruchte seine Zeit von 1906 bis 1916 und mündete nicht nur in einer verallgemeinerten Version des Prinzips der Relativität, sondern auch in einem neuen Gesetz der Schwerkraft. Obwohl die Ergebnisse der Allgemeinen Relativitätstheorie nicht so gut bekannt sind, sind ihre Konsequenzen für unseren Begriff vom Universum weitaus dramatischer.

Die Allgemeine Relativitätstheorie

Bei der Formulierung der Allgemeinen Relativitätstheorie begann Einstein abermals mit den beiden wichtigen Tatsachen, die er beim Aufbau der Speziellen Relativitätstheorie benutzt hatte.

> **Tatsache Eins:** Es ist unmöglich, die Bewegung der Erde oder eines anderen Himmelskörpers relativ zu einem Äther festzustellen, von dem man annimmt, daß er im Universum absolut ruht. Daher ist es unmöglich zu wissen, ob irgendein Himmelskörper in Wahrheit stillsteht oder sich im Universum bewegt.

> **Tatsache Zwei:** Die Lichtgeschwindigkeit ist unabhängig davon, ob die Lichtquelle oder der Beobachter sich bewegen oder nicht, stets dieselbe.

Einstein argumentierte, wenn er beweisen könne, daß diese beiden Tatsachen auch in Situationen gelten würden, in denen wir beschleunigt werden oder unsere Bewegungsrichtung ändern, würde alles, was aus diesen beiden Tatsachen für den speziellen Fall folge, auch für den allgemeinen Fall folgen. Doch bevor wir seine Argumentation erörtern, gibt es noch eine Art der Bewegung, die eine eingehende Besprechung erfordert und die uns dazu dienen wird, Einsteins Problem zu beleuchten.

Wenn ein Gegenstand sich mit konstanter Geschwindigkeit kreisförmig bewegt, unterliegt er einer Beschleunigung. Normalerweise stellen wir uns Beschleunigung als »schneller werden« und negative Beschleunigung als »abbremsen« vor. Physiker jedoch betrachten die Beschleunigung als eine Bewegung, die von einer Kraft begleitet wird. Wenn wir eine Kugel an eine Schnur binden und sie mit konstanter Geschwindigkeit um uns herumschwingen, üben wir über die Schnur eine Kraft auf die Kugel aus *(Abb. 12–1)*. In dem Moment, in dem wir die Schnur durchschneiden, hört die Kugel auf, sich im Kreis zu bewegen, und ihre Trägheit läßt sie geradlinig in die Richtung fliegen, in die sie sich bewegte, als wir die Schnur durchtrennten. Solange wir über die Schnur eine Kraft ausüben, bewegt sich die Kugel im Kreis und erfährt dabei etwas, das die Physiker Beschleunigung nennen.

Abb. 12–1. Wenn wir eine Schnur an einer Kugel befestigen und diese im Kreis schwingen, üben wir über die Schnur eine Kraft auf die Kugel aus. Selbst wenn sie mit konstanter Geschwindigkeit kreist, unterliegt sie dem, was die Physiker Beschleunigung nennen.

Abb. 12–2. Wenn wir in einer fliegenden Untertasse sitzen, die im All beschleunigt, scheint die Tatsache, daß wir in den Sitz gepreßt werden, zu beweisen, daß wir unsere Bewegung im All feststellen können.

Wenn wir in einer fliegenden Untertasse sitzen, die im All beschleunigt, scheint schon der Umstand, daß wir in den Sitz gedrückt werden, zu beweisen, daß wir einer Bewegung ausgesetzt sind, die mit einer Kraft verbunden ist *(Abb. 12–2).* Wenn wir beweisen könnten, daß wir uns bewegen, könnten wir der Tatsache Eins widersprechen. Um also die Gültigkeit von Tatsache Eins aufrechtzuerhalten, mußte Einstein zeigen, daß es uns unmöglich wäre, unsere Bewegung im All festzustellen, selbst wenn wir beschleunigt oder abgebremst würden, oder um genauer zu sein: selbst wenn wir irgendeiner Bewegung unterworfen wären, die von einer Kraft begleitet würde.

Dieses Problem ging Einstein auf eine Art an, die er »Gedankenexperiment« nannte. Er stellte sich einen Mann in einem völlig geschlossenen Kasten vor, der von irgendeinem »Wesen« durch das All aufwärts bewegt wird. Der Mann kann nichts anderes sehen als das Innere des Kastens. Er wird gerade so stark beschleunigt, daß er spürt, wie seine Füße mit einer ebenso großen Kraft gegen den Boden gedrückt werden, wie er sie erfahren würde, wenn er auf der Erde wäre. Der Mann hat also das gleiche Gefühl, wie er es in einem geschlossenen Kasten auf der Erde hätte. In dem einen Fall ist er einer Beschleunigung, im anderen der Schwerkraft unterworfen. Da er in beiden Fällen nicht aus dem Kasten schauen kann, hat er keine Möglichkeit festzustellen, ob er sich bewegt oder stillsteht.

Wenn wir uns nun vorstellen, daß der Mann einen Ball in der Hand hält und plötzlich die Hand öffnet und den Ball losläßt, stellen wir einerseits fest, daß der Ball, der der Trägheit unterliegt, sich weiterhin mit genau der Geschwindigkeit aufwärts bewegt, die er (und der ganze Kasten) hatte, als der Mann die Hand öffnete *(Abb. 12–3).* Der Kasten andererseits wird weiterhin beschleunigt, und daher hat der Boden des Kastens den Ball bald eingeholt. Der Mann kann nun nicht herausfinden, ob der Boden den Ball eingeholt hat oder ob der Ball zu Boden gefallen ist *(Abb. 12–4).* Er kann also nicht unterscheiden, ob der Ball der Schwerkraft oder der Trägheit unterliegt. Daher scheint es so, als seien Trägheit und Schwerkraft nichts weiter als zwei Wörter für ein und dieselbe Sache. Aber wenn Trägheit dasselbe ist wie Schwerkraft, argumentierte Einstein, muß es möglich sein, ein Gesetz der Schwerkraft zu formulieren, das,

Abb. 12–3. Wenn wir uns einen Mann in einem allseits geschlossenen Kasten vorstellen, der im Weltall nach oben beschleunigt wird, werden wir herausfinden, daß es für den Mann unmöglich ist, zwischen Schwerkraft und Trägheit zu unterscheiden.

Abb. 12–4. Wenn er seine Hand öffnet, um einen Ball loszulassen, wird er nicht feststellen können, ob der Ball zu Boden gefallen ist oder ob der Boden der Kiste den Ball eingeholt hat.

anders als Newtons Gesetz, nicht von einer aus der Entfernung wirkenden Kraft abhängig ist. Mit anderen Worten: Es muß möglich sein, zu sagen, daß wir von etwas anderem auf dieser Erde gehalten werden als von einer geheimnisvollen Kraft, die man Schwerkraft nennt. Wenn sich dieses Gesetz der Schwerkraft als zutreffend herausstellte, würde es ohne jeden Zweifel beweisen, daß Trägheit und Schwerkraft wirklich nur zwei Wörter für ein und dieselbe Sache sind, und das wiederum würde beweisen, daß es unmöglich für uns ist, unsere Bewegung im All festzustellen, selbst wenn wir eine Bewegung in Verbindung mit einer Kraft erfahren.

Aber was ist mit Tatsache Zwei? Ist die Lichtgeschwindigkeit stets dieselbe, selbst wenn die Lichtquelle beschleunigt oder abgebremst wird? Ist sie dieselbe, ob der Beobachter nun beschleunigt oder abgebremst wird? Einstein behauptete, die Antwort auf beide Fragen laute »Ja«. Wenn ein UFO seine Landelichter eingeschaltet hat und beschleunigt oder abbremst, während es unser Blickfeld durchquert, werden wir und der Pilot gleichermaßen feststellen, daß ein Photon sich mit 300 000 km/s von dem Raumschiff entfernt *(Abb. 12–5).* Wenn sich aber ein Photon unabhängig von der Flugge-

Abb. 12–5. Wenn ein UFO mit eingeschalteten Landelichtern durch unser Blickfeld beschleunigt, stellen wir fest, daß ein Photon sich mit 300 000 km/s von ihm wegbewegt.

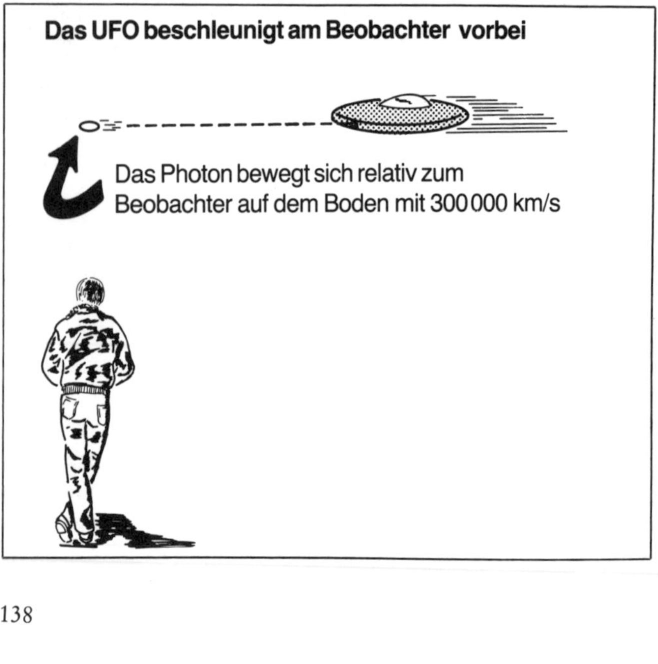

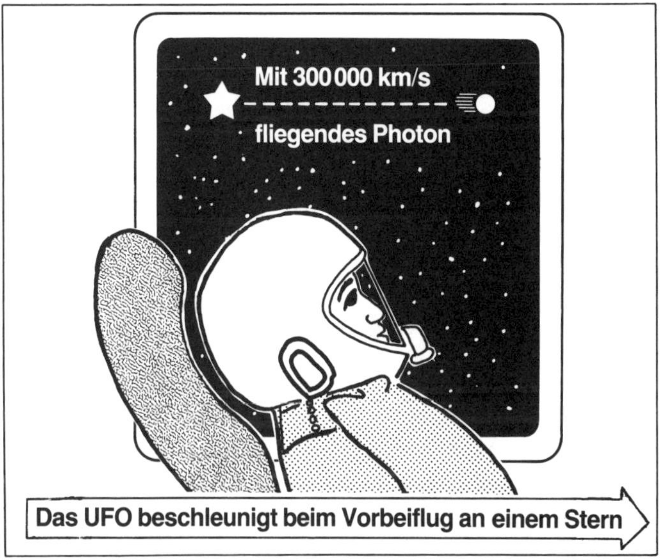

Abb. 12–6. Ein Passagier in einem UFO, das an einem Stern vorbei beschleunigt, sieht, wie sich ein Photon mit 300 000 km/s vom Stern entfernt.

schwindigkeit des Raumschiffs mit 300 000 km/s von diesem entfernt, besteht kein Grund, warum es sich mit einer anderen Geschwindigkeit bewegen sollte, wenn das Raumschiff seine Geschwindigkeit ändert.

Das gleiche gilt für den Fall, wenn die Lichtquelle ortsfest und der Beobachter in Bewegung ist. Wenn Sie der Passagier eines UFOs wären, das beim Vorbeifliegen an einem Stern beschleunigt oder abbremst, würden Sie »beobachten«, wie ein Photon sich mit 300 000 km/s von diesem Stern entfernt *(Abb. 12–6)*. Wenn Sie aber ein Photon sich mit 300 000 km/s von einem Stern wegbewegen sehen, während Sie mit einer beliebigen Geschwindigkeit fliegen, besteht kein Grund zur Annahme, daß die Photonen-Geschwindigkeit eine andere wäre als 300 000 km/s, wenn Ihr Raumschiff seine Geschwindigkeit beliebig änderte. Schlicht gesagt, die Lichtgeschwindigkeit ist unter allen und jeden Umständen konstant, und also bleibt Tatsache Zwei unverändert bestehen.

Angesichts der unberührten Tatsache Zwei mußte Einstein lediglich nachweisen, daß Tatsache Eins selbst dann unverändert bleibt, wenn eine Bewegung einer Kraft unterliegt, um dann folgern zu können, daß alles, was für den Spezialfall gilt, auch für den allgemeinen Fall gilt. Mit anderen Worten: Selbst wenn zwei Beobachter beschleunigt oder abgebremst werden oder sich im Zickzack oder kreisförmig zueinander bewegen, werden beide beim Messen derselben Dinge in den Ergebnissen übereinstimmen. Mit der Zeit entwikkeln beide dieselben physikalischen Gesetze, selbst wenn sie behaupten, daß der jeweils andere eine zu langsame Uhr und einen zu kurzen Maßstab verwendet, wenn er in seiner Bewegungsrichtung mißt. Das »Prinzip der Speziellen Relativitätstheorie« ließe sich dann also zum »Prinzip der Allgemeinen Relativitätstheorie« umwandeln:

> *Wenn physikalische Gesetze in einer Umgebung gültig sind, sind sie in einer Umgebung, die sich relativ zu jener bewegt, ebenso gültig.*

Es war klar, daß eine beträchtliche Aufgabe anstand. Denn wenn wir nicht von der Schwerkraft unten gehalten werden, warum entschweben wir dann nicht ins Weltall? Im Lauf der Zeit sollte Einstein diese Frage beantworten, indem er einen Begriff schuf, den er die »Krümmung des Raums« nannte. Um zu verstehen, was das ist, müssen wir die Geheimnisse der Geodäte in der vierdimensionalen Raumzeit erkunden.

Die Gestalt der Dinge

Wir leben in einer vierdimensionalen Welt – mit drei Dimensionen des Raums (Länge, Breite, Höhe) und einer Dimension der Zeit. Wenn wir stillstehen, bewegen wir uns nicht im Raum (zumindest relativ zur Erde), bewegen uns aber in der Zeit vorwärts. Wenn wir die Sterne am Himmel betrachten, scheinen sie im Raum »fest« zu stehen, obwohl wir wissen, daß sie in Wirklichkeit keineswegs feststehen. Wir können sie leicht an verschiedenen Punkten im dreidimensionalen Raum erkennen, doch es fällt uns nicht so leicht auf, daß wir sie zugleich auch an verschiedenen Punkten in der Zeit sehen, weil das Licht der Sterne Jahre braucht, um uns auf der Erde zu erreichen. Manche Sterne sehen wir, wie sie vor 50 Jahren aussahen, andere wie vor 100 Jahren oder 2000 Jahren. Die Zeitspanne hängt davon ab, wie weit sie von uns entfernt sind. Die vierdimensionale Raumzeit ist eigentlich nichts weiter als eine Verbindung der drei Dimensionen des Raums mit der einen der Zeit. Obwohl wir in den vier Dimensionen von Raum und Zeit leben, können wir nur in den drei Dimensionen des Raums etwas sehen.

Eine Geodäte ist der Weg, den ein Himmelskörper beschreibt. Wie alles andere existiert ein Himmelskörper in Raum und Zeit, und eben das gilt für den von ihm beschriebenen Weg. Eine Geodäte im

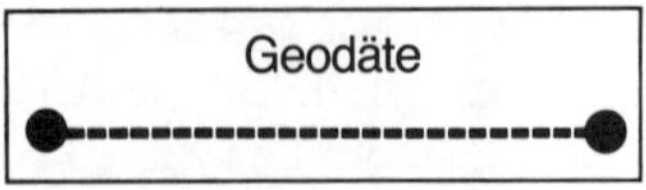

Abb. 13–1. Eine Geodäte im flachen, zweidimensionalen Raum ist eine gerade Linie.

Abb. 13–2. Eine Geodäte in Ihrem Wohnzimmer ist eine gerade Linie.

Abb. 13–3. Eine Geodäte auf der Erdoberfläche ist ein Kreisbogen.

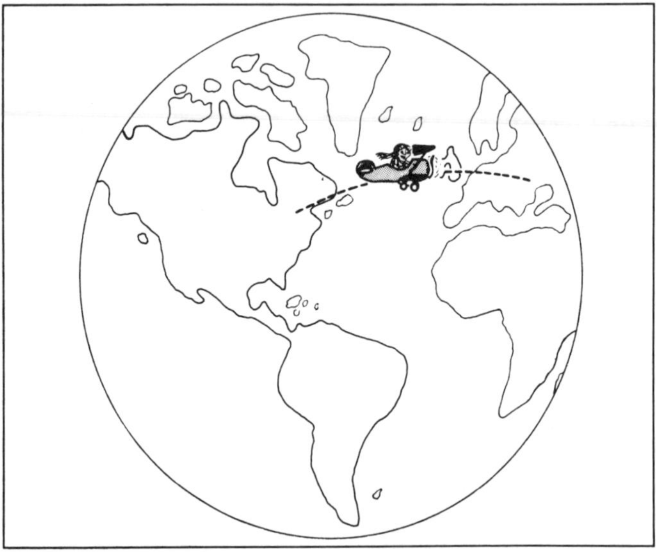

Raum ist die kürzeste Verbindung zwischen zwei Punkten in diesem Raum. Eine Geodäte auf dieser Buchseite ist eine gerade Linie, weil die kürzeste Verbindung zwischen zwei Punkten in einem flachen, zweidimensionalen Raum eine gerade Linie ist *(Abb. 13–1).* Eine Geodäte in Ihrem Wohnzimmer ist eine gerade Linie, weil die kürzeste Verbindung zwischen zwei Punkten in einem dreidimensionalen Raum eine gerade Linie ist *(Abb. 13–2).* Auf der Oberfläche dieser Erde jedoch ist eine Geodäte ein Kreisbogen, weil die kürzeste Verbindung zwischen zwei Punkten auf einer Kugeloberfläche ein Kreisbogen ist. Wenn Sie von New York nach London reisen, werden Sie einen Kreisbogen beschreiben, wenn Sie die kürzestmögliche Verbindung nehmen wollen *(Abb. 13–3).* Wiederum ist eine Geodäte im Raum die kürzeste mögliche Verbindung zwischen zwei Punkten in diesem Raum.

Eine Geodäte in der Zeit ist der Weg, der der größten Zeitspanne entspricht. Wenn wir an den Weltraumflug denken, assoziieren wir hohe Geschwindigkeiten, doch Himmelskörper beschreiben eine Geodäte in der Zeit, indem sie sich mit der langsamsten möglichen Geschwindigkeit bewegen. So folgt beispielsweise ein Komet, der durch die Himmel fällt, einer Geodäte in der Zeit, indem er sich mit der langsamsten möglichen Geschwindigkeit bewegt. Da der Komet sich so langsam wie möglich bewegt, würden sich die Zeiger einer Uhr auf diesem Kometen so schnell wie möglich bewegen und somit das Vergehen der größtmöglichen Zeitspanne anzeigen *(Abb. 13–4).*

Abb. 13–4. Die Zeiger einer Uhr auf einem Kometen bewegen sich so schnell wie möglich, weil der Komet sich so langsam wie möglich durch das Weltall bewegt. (Als er dieses Phänomen kommentierte, sagte der britische Mathematiker und Philosoph Bertrand Russell einmal, daß im ganzen Universum ein Gesetz der »kosmischen Faulheit« herrsche.)

Abb. 13–5. Wenn Sie auf der Straße stehen und zuschauen, wie ein Mann einen Ball von einem Hochhaus fallen läßt, werden Sie bemerken, daß der Ball bei seinem Fall zum Boden eine gerade Linie beschreibt…

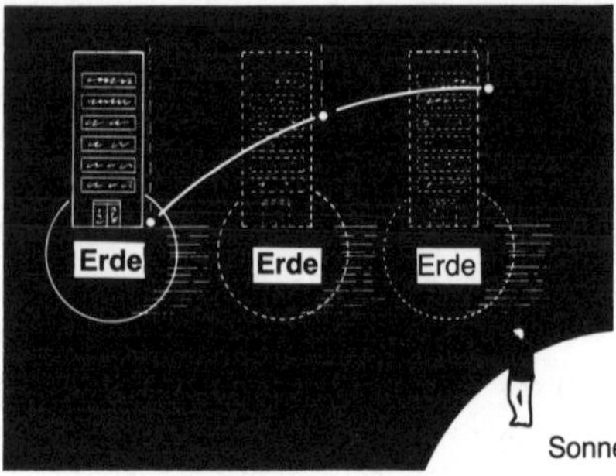

Abb. 13–6. ... wenn Sie hingegen auf der Sonne stehen, sehen Sie den Ball einen Kreisbogen beschreiben, während er zu Boden fällt.

Was ist nun so wichtig an der Geodäte, daß all diese Erörterungen nötig sind? Stellen Sie sich einen Mann vor, der vom Dach eines Hochhauses einen Ball fallen läßt *(Abb. 13–5).* Wenn Sie den Ball beobachten, sehen Sie, daß er eine gerade Linie beschreibt, während er zu Boden fällt. Jetzt stellen Sie sich vor, Sie sähen den Vorgang von der Sonne aus. Da nun die Erde Ihr Blickfeld durchquert, beschreibt der Ball einen Kreisbogen, während er zu Boden fällt *(Abb. 13–6).* Nur wenn die Erde relativ zur Sonne still stände, würde der Ball eine gerade Linie beschreiben.

Und zuletzt stellen Sie sich vor, Sie stünden auf einem weit entfernten Stern: Jetzt durchqueren Sonne und Erde Ihr Blickfeld relativ zum Stern. Abermals beschreibt der Ball einen Kreisbogen, während er zu Boden fällt. Da es in diesem Universum keine Stelle gibt, an der man sicher sein kann, daß man relativ zum Weltall stillsteht, kann man auch nie sicher sein, daß die Erde völlig stillsteht *(Abb. 13–7).* Infolgedessen wird der Ball stets einen Kreisbogen beschreiben. Relativ zur Schöpfung ist es einfach unmöglich, in diesem Universum eine gerade Linie zu ziehen – wie nüchtern man auch sein mag!

Was sehen wir also, wenn wir einen Kometen beobachten? Es stellt sich heraus, daß der Komet einen Weg beschreibt, der eine Geodäte in der vierdimensionalen Raumzeit ist. Wenn wir unseren

Schatten auf dem Boden betrachten, sehen wir ein zweidimensionales Abbild einer dreidimensionalen Wirklichkeit *(Abb. 13–8)*. Wenn wir den Weg eines Kometen betrachten, sehen wir das dreidimensionale Abbild einer vierdimensionalen Wirklichkeit – eine Geodäte in der vierdimensionalen Raumzeit.

Nun haben wir alles Wesentliche, was wir brauchen, um uns ein »Bild« vom Raum zu machen, wie Einstein ihn betrachtete. Ebenso, wie wir uns ein Gemälde als eine Zusammensetzung einzelner Pinselstriche vorstellen können, können wir uns den Raum als eine

Abb. 13–7. Wenn Sie auf einem Stern oder irgendwo anders im Universum stehen, beschreibt der Ball bei seinem Fall einen Kreisbogen. Da Sie relativ zum Weltall nicht stillstehen können, wird der Ball immer einen Kreisbogen beschreiben. In absolutem Sinn ist es unmöglich, in diesem Universum einen geraden Strich zu ziehen.

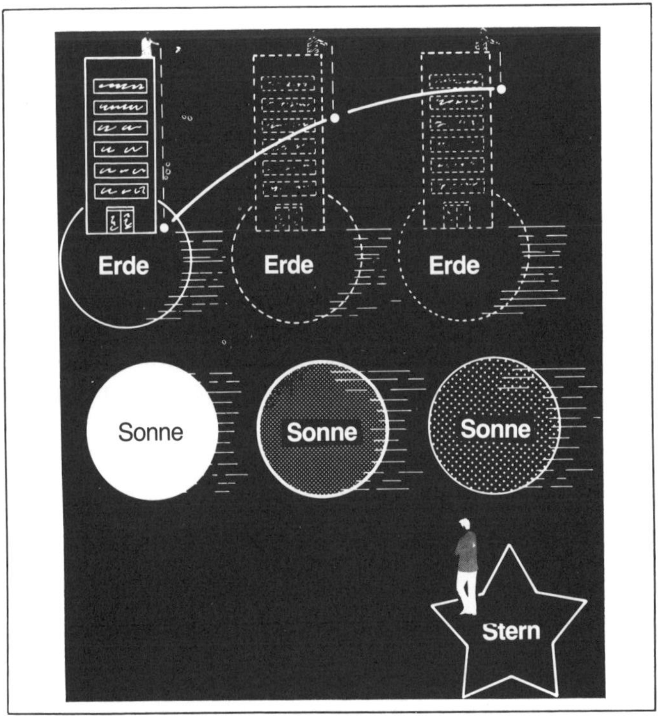

Zusammensetzung einzelner Geodäten vorstellen. Wir müssen nur vor die Tür gehen, die Geodäten der Kometen, Planeten, Meteore, Sterne und anderer Himmelskörper aufzeichnen und diese zusammensetzen, um ein »Bild« vom Raum zu erhalten. Diese Zusammensetzung von Geodäten stellt man sich vielleicht am besten als großes Gummituch vor. Um das »Bild« des Universums zu vervollständigen, müssen wir nur eine Kugel auf das Gummituch legen, die die Sonne darstellt *(Abb. 13–9).* Natürlich drückt sie eine Vertiefung in das Gummituch. Wenn wir nun eine Murmel nehmen, die einen Planeten darstellen soll und auf dem Gummituch rollt, sehen wir, daß die Murmel die Kugel nur dann umkreist, wenn sie in der von ihr verursachten Vertiefung »eingefangen« wird. Die Kugel übt nicht mit irgendeiner geheimnisvollen, über die Entfernung wirkenden Kraft eine Wirkung auf die Murmel aus; statt dessen bewirkt die »Krümmung des Raums« in der Nähe der Kugel, daß der »Planet« die »Sonne« umkreist.

Natürlich ist unser »Bild« des Universums alles andere als perfekt. Angenommen, wir legen mehrere Kugeln auf das Gummituch, von denen jede einen Stern darstellt. Weiterhin angenommen, daß unsere Murmel einen Kometen darstellt. Wenn wir diese nun über das Gummituch rollen, beschreibt sie eine gerade Linie, solange sie nicht auf eine der von den Bällen verursachten Vertiefungen stößt. Doch, wie bereits gesagt, es ist unmöglich, in diesem Universum eine gerade Linie zu beschreiben. Nur wenn wir relativ zur Schöpfung stillstünden, könnten wir den »Kometen« beim Beschreiben einer geraden Linie genau abbilden. Außerdem stellt unser »Bild« die vierte Dimension der Zeit nicht dar. Trotz dieser und anderer

Abb. 13–8. Wenn wir unseren Schatten auf dem Boden betrachten, sehen wir ein zweidimensionales Abbild einer dreidimensionalen Wirklichkeit.

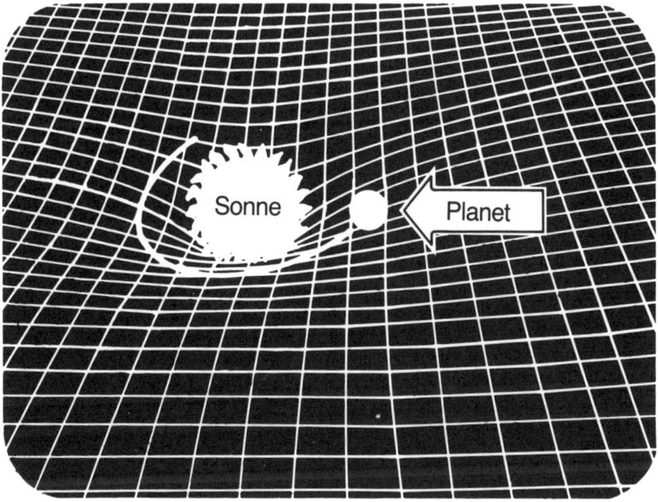

Abb. 13–9. Die Gestalt des Universums ist analog zu einem großen Gummituch, in das große Kugeln eingebettet sind, die Vertiefungen in dem Tuch bilden. Wenn wir uns die Sonne als eine dieser großen Kugeln und einen Planeten als eine kleine Murmel vorstellen, die über das Gummituch rollt, stellen wir fest, daß der »Planet« die »Sonne« umkreist, weil er in der von dieser verursachten Vertiefung »gefangen« ist. Die »Sonne« läßt keine geheimnisvolle, über die Entfernung wirkende sogenannte »Schwerkraft« auf ihn wirken.

Mängel vermittelt es die Hauptsache: Himmelskörper folgen bei ihrer Wanderung durch das Universum lediglich der Krümmung des Raums. Sie sind keiner Schwerkraft unterworfen; in Einsteins Theorie gibt es so etwas wie die Schwerkraft nicht.*

Nun können wir auch die Frage beantworten, die im vorigen Kapitel gestellt wurde: »Was hält uns auf dieser Erde?« Die Antwort lautet, daß es nichts gibt, was uns nach unten zieht oder drückt. Wir

---

* Obwohl Einstein die Schwerkraft durch die Krümmung des Raums ersetzte, verwenden wir den Begriff der Schwerkraft auch weiterhin. Die Schwerkraft ist ein Begriff, der leicht zu verstehen ist, und die Wissenschaftler wissen seit langem, daß auf diesem Begriff beruhende Berechnungen für die meisten praktischen Zwecke hinreichend genau sind.

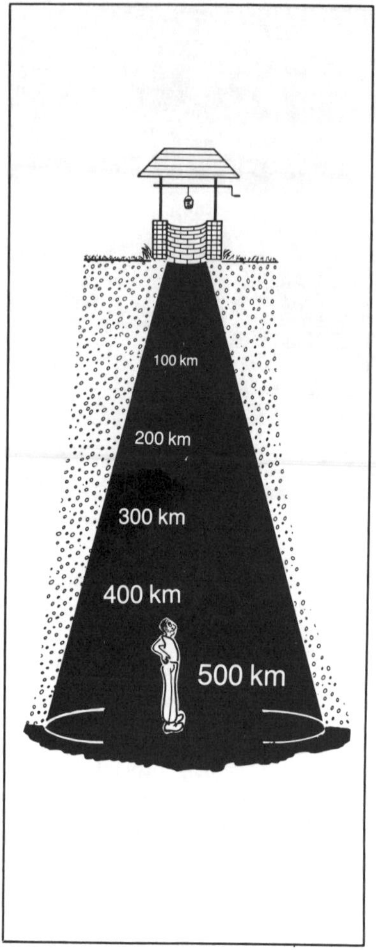

Abb. 13–10. Wir gleichen Geschöpfen, die am Grund eines mehrere hundert Kilometer tiefen Brunnens geboren sind. Die Mauern unseres Brunnens bestehen allerdings nicht aus Ziegeln und Mörtel, sondern aus Raum.

gleichen Geschöpfen, die am Grund eines Brunnens geboren sind, der Hunderte Kilometer tief ist *(Abb. 13–10)*. Die Wände unseres Brunnens sind nicht aus Ziegeln und Mörtel gemacht, sondern aus Raum. Dieser Raum ist in der Nähe der Erde ausreichend gekrümmt, so daß wir einen Raum »wahrnehmen«, der – wie die Wände eines Brunnens – vertikal ist. Und ebenso, wie eine gewaltige

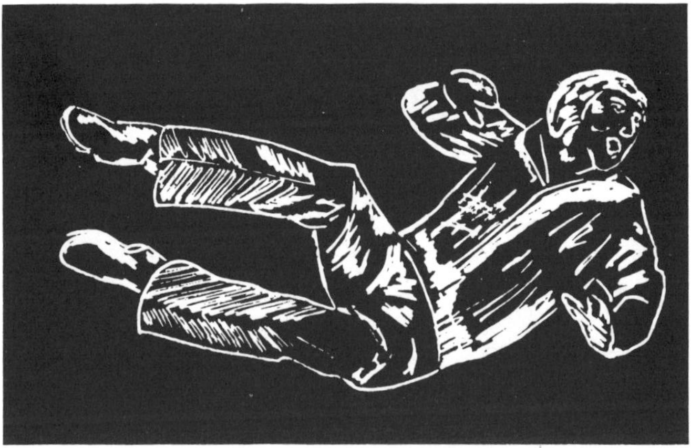

Abb. 13–11. Stellen Sie sich vor, Sie wären im leeren Raum – nur Sie und die schwarze Ewigkeit. Sind Sie nun mitten im leeren Raum oder mitten im Nichts?

Energiemenge nötig wäre, um aus einem echten Brunnen herauszukommen, der Hunderte Kilometer tief ist, ist auch eine gewaltige Energiemenge nötig, um aus dem Brunnen im Raum zu gelangen, in dem wir uns befinden. Kein Wunder, daß wir starke Raketen brauchen, die uns auf 40000 km/h beschleunigen, um unseren Planeten Erde zu verlassen.

Wie paßt das alles zum gesunden Menschenverstand? Wenn wir in den Himmel schauen, ist das meiste, was wir sehen, schließlich nichts anderes als leerer Raum. Stellen Sie sich vor, Sie wären allein in diesem leeren Raum – ohne Sterne, Planeten, Kometen und Meteore – nur Sie und die schwarze Ewigkeit *(Abb. 13–11)*. Sind Sie nun mitten im leeren Raum oder mitten im Nichts? Der Allgemeinen Relativitätstheorie zufolge sind Sie mitten im leeren Raum, weil es für Sie und alles andere unmöglich ist, mitten im Nichts zu existieren. Das impliziert, daß der leere Raum mehr ist als das Nichts. In gewissen Sinn besitzt der leere Raum eine »Substanz«; er kann gekrümmt oder geflochten sein; er kann eine Gestalt besitzen und besitzt sie auch. Er läßt sich durch die Gleichungen beschreiben, die Albert Einstein formuliert hat.

Der schlagende Beweis

Einsteins Arbeit über die Allgemeine Relativitätstheorie wurde 1916 veröffentlicht; allgemein hält man sie für ein überragendes Monument wissenschaftlichen Denkens. Die meisten Wissenschaftler sind der Meinung, daß, wenn Einstein die Spezielle Relativitätstheorie nicht veröffentlicht hätte, es bald darauf jemand anders getan hätte. Sie beeilen sich jedoch, darauf hinzuweisen, daß die Allgemeine Relativitätstheorie, hätte Einstein sie nicht entwickelt, heute noch unbekannt sein könnte. Er stand völlig alleine da, als er diese Theorie entwarf.

Bei dem Versuch, seine allgemeine Theorie zu beweisen, begab Einstein sich an ein Problem, das den Astronomen schon seit Jahren Rätsel aufgab. Sie erinnern sich, daß Johannes Kepler sagte, daß die Planeten auf elliptischen Bahnen um die Sonne laufen. Jahre später führte Isaac Newton sein universelles Gravitationsgesetz ein und zeigte, daß jeder Planet bei jeder Umrundung der Sonne tatsächlich in eine andere elliptische Umlaufbahn einschwenkt. Die Menge der so gebildeten Ellipsen ergibt ein Rosettenmuster. Newton erklärte dies als den Einfluß der Planeten aufeinander. Seine Gleichungen sagen den Betrag der Verlagerung jedes einzelnen Planeten sogar mit recht hoher Genauigkeit voraus. Für den Planeten Merkur traf das allerdings nicht zu. Seit der Mitte des 19. Jahrhunderts zeigte sich den Astronomen, daß die Bahnverlagerung des Merkur erheblich größer ist, als Newton vorausgesagt hatte *(Abb. 14–1).* Um diese Tatsache zu erklären, hatte ein Astronom namens Jean Joseph Leverrier vorgeschlagen, daß es möglicherweise einen bislang noch unentdeckten Planeten gebe, der eine Anziehungskraft auf Merkur ausübe. Leverrier nannte diesen Planeten Vulkan und nahm an, er befinde sich auf der gegenüberliegenden Seite der Sonne und bewege sich mit einer vergleichbaren Geschwindigkeit wie die Erde, so daß er, wenn überhaupt, nur schwierig zu finden sei. Im Lauf des 19. Jahrhunderts bemühten sich die Astronomen, den Vulkan zu finden, indem sie ihn während Sonnenfinsternissen in der Nähe der Sonne suchten. Trotz oft wiederholter Versuche scheiterten ihre Bemühungen *(Abb. 14–2).*

In seiner Arbeit von 1916 zeigte Einstein, daß man den Weg des Merkur durch die Krümmung des Raums in der Nähe der Sonne beschreiben könne. Da der Merkur der Sonne am nächsten liege, sei der Raum hier stärker gekrümmt als bei den anderen Planeten und seine Umlaufbahn von dieser Krümmung am stärksten beeinflußt. Mit seinen neu entwickelten Gleichungen konnte Einstein rechnerisch zeigen, daß jede Umlaufbahn des Merkur von der vorigen durch einen Betrag abweicht, der völlig mit den astronomischen Beobachtungen übereinstimmt. Für Einstein war diese Berechnung der erste Beweis für die Richtigkeit seiner Allgemeinen Relativitätstheorie, und später sagte er einem Freund: »... mehrere Tage war ich vor Aufregung sprachlos.«

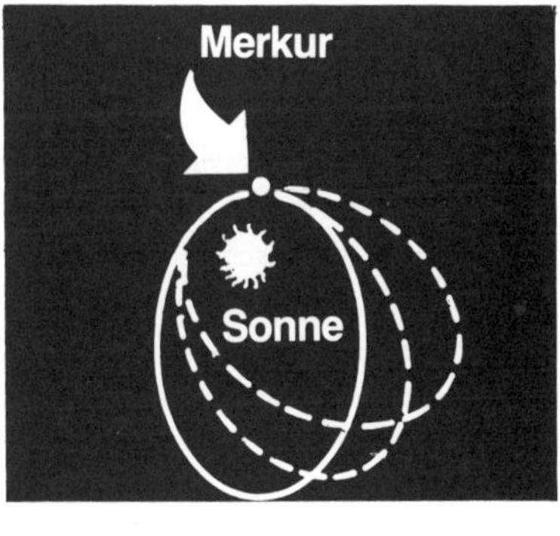

Abb. 14–1. Da der Merkur der sonnennächste Planet ist, wird er am stärksten durch die Krümmung des Raums in der Nähe der Sonne beeinflußt. Jede Umlaufbahn des Merkur ist gegen die vorige um einen größeren Betrag verschoben, als man für jeden anderen Planeten festgestellt hat. Die Allgemeine Relativitätstheorie war die erste, die dieses Phänomen richtig erklären konnte.

Abb. 14–2. Obwohl die Astronomen den Planet Vulkan nie in ihren Teleskopen gefunden haben, erschien er schließlich auf unseren Mattscheiben und Leinwänden. Mr. Spock aus »Raumschiff Enterprise« stammt vom Vulkan.

Die Wissenschaft akzeptierte Einsteins Darstellung des Verhaltens der Umlaufbahnen des Merkur nur als eine von mehreren möglichen Erklärungen des Phänomens. Damals wurde sie noch nicht überall als definitive Bestätigung seiner Allgemeinen Relativitätstheorie anerkannt. Der erste experimentelle Beleg, der tatsächlich als Beweis akzeptiert wurde, gelang 1919. Es war ein Versuch, den Einstein selbst vorgeschlagen hatte und der ein Phänomen beinhaltete, das niemand je für möglich gehalten hatte – die Beugung des Lichts.

Um das Experiment zu verstehen, wollen wir zu dem Mann in der Kiste zurückkehren, die im Weltall beschleunigt wird. Bedenken Sie, daß alles, was in dieser Kiste geschieht, auch in einer Kiste geschehen würde, die auf dem Erdboden stände. Wenn die Kiste zum Beispiel beschleunigt wird und eine immer größere Geschwindigkeit erhält, läuft eine in der Kiste befindliche Uhr immer langsamer und der Mann in der Kiste altert immer langsamer. Nur kann der Mann nicht feststellen, ob er einer größeren Beschleunigung oder einer größeren Schwerkraft ausgesetzt ist. Daraus folgt nach unseren Überlegungen, daß der Mann, wenn er »beschließt«, auf einem Planeten mit extrem großer Schwerkraftwirkung zu leben, langsamer altert. Tatsächlich muß jeder, der sehr lange leben will, nur einen Planeten mit einer geeigneten Atmosphäre, üppiger Vegetation, freundlichen Nachbarn und sehr hoher Schwerkraftwirkung finden! Ein weiteres Beispiel: Stellen Sie sich vor, was der Mann in der Kiste sieht, wenn zufällig ein Photon von einer Seite in die sich bewegende Kiste eindringt *(Abb. 14–3)*. Fliegt das Photon von einer Seite der Kiste zur anderen, sieht der Mann es zu Boden fallen *(Abb. 14–4)*. Wenn die Kiste nun auf einem Planeten mit großer Schwerkraft steht, kommt der Mann zu dem Schluß, daß das Photon aufgrund der Schwerkraft zu Boden gefallen ist.

Einstein überlegte, daß Photonen, falls sie der Schwerkraft unterworfen sind, von der Sonne angezogen werden, wenn sie in der Nähe der Sonne vorbeifliegen. Nachdem er den Begriff der Schwerkraft bereits durch den der Raumkrümmung ersetzt hatte, ging er so weit, daß er meinte, die Photonen würden bei ihrem Flug an der Sonne vorbei eigentlich der Raumkrümmung folgen. Als Beweis dafür schlug er vor, während einer Sonnenfinsternis Sterne zu fotographieren, die dicht am Rand der Sonne zu sehen sind *(Abb. 14–5)*. Er sagte voraus, die Wissenschaftler würden feststellen, daß diese Sterne weiter von der Sonne entfernt seien als berechnet, weil sie in einen Lichtstrahl blicken würden, der sich, der Raumkrümmung folgend, der Erde in einem ein wenig steileren Winkel als normal nähern würde. Er berechnete den Betrag, um den der Winkel größer sein müsse, so daß man die beobachteten Ergebnisse mit seinen Voraussagen vergleichen konnte. Bei diesen Berechnungen kam er darauf, daß der vorausgesagte Winkel doppelt so groß sei wie der, den man unter der Annahme erhielt, daß die Photonen lediglich von der Newtonschen Schwerkraft der Sonne angezogen würden und daß es so etwas wie die Krümmung des Raums nicht gebe. Wenn seine Theorie zutraf, mußte der von den Wissenschaftlern gemessene Winkel seinen Voraussagen entsprechen, und dann konnte kaum noch ein Zweifel bestehen, daß Newtons Vorstellung von der Schwerkraft nur eine ungefähre Entsprechung zu Einsteins strengerem Begriff der Raumkrümmung war.

Am 29. Mai 1919 sollte eine Sonnenfinsternis stattfinden, die am besten von Südamerika und Afrika aus beobachtet werden konnte.

Abb. 14–3. Für einen Mann in einer völlig geschlossenen Kiste, die aufwärts beschleunigt wird, fällt ein Photon, das an einer Seite der Kiste eindringt, scheinbar zu Boden.

Obwohl sich England während der Vorbereitungszeit für die Experimente noch im Krieg mit Deutschland befand, wurden der Royal Society und der Royal Astronomical Society die nötigen Gelder zur Verfügung gestellt, um ein ständiges gemeinsames Komitee einzurichten, das die erforderlichen Messungen vornehmen sollte. Das Komitee schickte zwei Expeditionen aus: eine nach Sobral in Nordbrasilien und die andere zum Principe Island im Golf von Guinea. Als man die Aufnahmen gemacht hatte, dauerte es den ganzen Som-

Abb. 14–4. Da die Wahrnehmungen des Mannes denen gleich sind, die er auf einem Planeten mit einem starken Schwerefeld hätte, kann er durchaus zu dem Schluß kommen, das Photon sei wegen der Schwerkraft zu Boden gefallen.

mer, bis die Platten entwickelt, die Messungen vorgenommen und die Berechnungen durchgeführt waren. Langsam begannen die Ergebnisse durchzusickern, zunächst nur an die Leute, die mit der Expedition zu tun hatten, dann an eine Handvoll Wissenschaftler und schließlich an die ganze Welt.

Einstein erfuhr die Neuigkeiten durch ein Telegramm von H. A. Lorentz. Am selben Tag, dem 27. September 1919, schrieb er seiner Mutter: »Heute gute Nachrichten. H. A. Lorentz hat mir telegra-

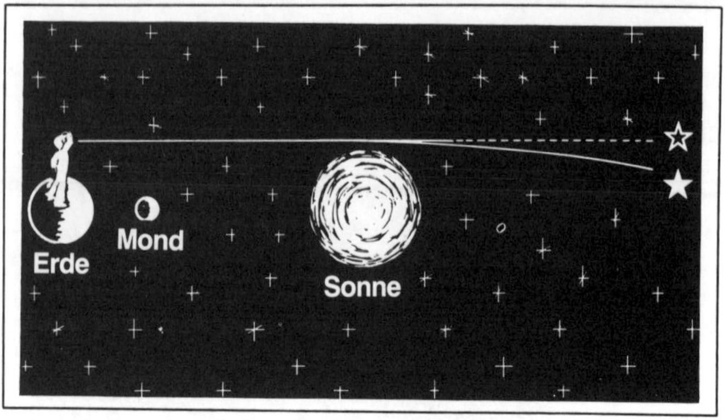

Abb. 14–5. Einstein sagte voraus, daß während einer Sonnenfinsternis die Sterne, die dicht neben der Sonne zu sehen sind, weiter von ihr entfernt erscheinen, als wir normalerweise erwarten würden. In dieser Abbildung sehen wir, wie das Licht solch eines Sterns zur Sonne hin gebeugt wird, und stellen fest, daß wir in einen Lichtstrahl schauen, der den Stern »höher« am Himmel und infolgedessen weiter vom Sonnenrand entfernt erscheinen läßt, als er tatsächlich ist.

phiert, daß die britischen Expeditionen tatsächlich die Lichtbeugung in der Nähe der Sonne bewiesen haben.« Einen guten Monat später, am Donnerstag, dem 6. November 1919, kamen die Mitglieder der Royal Society und der Royal Astronomical Society in London zusammen, um den offiziellen Bericht über die Ergebnisse der beiden Expeditionen zu vernehmen. Vielleicht am besten wird die Stimmung der Zusammenkunft von dem Mathematiker und Philosophen Alfred North Whitehead beschrieben:

> »... Die ganze Atmosphäre gespannten Interesses war genau so wie in einer griechischen Tragödie: Wir waren der Chor, der den Lauf des Schicksals kommentierte, wie er in der Entwicklung eines überragenden Ereignisses dargestellt wurde. Schon allein die Szenerie hatte dramatische Qualitäten – die traditionelle Zeremonie, und im Hintergrund das Porträt von Newton, um uns daran zu gemahnen, daß die größte aller wissenschaftlichen Verallgemei-

nerungen heute, nach über zwei Jahrhunderten, ihre erste Modifikation erfahren sollte. Auch das persönliche Interesse fehlte nicht; ein großes Abenteuer des Denkens war endlich sicher an die Küste gelangt.«

Als Sir Joseph Thomson, der Präsident der Royal Society, sprach, nannte er die Ergebnisse »... eine der größten Errungenschaften, vielleicht sogar die größte, in der Geschichte des menschlichen Denkens. ... Es ist nicht die Entdeckung einer fernen Insel, sondern eines ganzen Kontinents neuer wissenschaftlicher Ideen. Es ist die größte Entdeckung im Zusammenhang mit der Schwerkraft, seit Newton seine Prinzipien verkündete.«

Jahre zuvor hatte Max Planck, selbst ein großer Physiker, gesagt: »Wenn Einsteins Theorie sich als zutreffend erweisen sollte – und ich nehme an, daß sie das tun wird – dann wird er der Kopernikus des 20. Jahrhunderts werden.« Am Morgen des 7. November 1919 erwachte Albert Einstein in Berlin zu einer neuen Existenz – derjenigen, die ihm Max Planck prophezeit hatte.

Die äußersten Grenzen

Einsteins Arbeit an der Allgemeinen Relativitätstheorie führte zu Mutmaßungen über die Größe und Gestalt des Universums. Übrigens war es Einstein selbst, der mit seiner 1917 veröffentlichten Arbeit *Kosmologische Betrachtungen zur allgemeinen Relativitätstheorie* mit diesen Mutmaßungen begann. In vielen Hinsichten wird diese Arbeit heute für veraltet und unzutreffend gehalten. Doch trotz all ihrer Mängel bleibt sie ein historischer Markstein, denn die meisten Wissenschaftler sind der Ansicht, daß sie den Anfang der modernen Kosmologie bezeichnet. Die Kosmologie ist der Zweig der Wissenschaft, der sich mit dem Studium der Größe, Gestalt und des Alters des Universums und seiner Veränderungen im Lauf der Zeit befaßt. Es ist eine merkwürdige Mischung von Theorie, Mutmaßung und astronomischen Beobachtungen, ebenso faszinierend wie frustrierend.

Wenn Wissenschaftler über die Größe und Gestalt des Universums diskutieren, steht im Mittelpunkt des Interesses normalerweise die Frage, ob das Universum begrenzt oder unbegrenzt, endlich oder unendlich sei. Die Erde ist unbegrenzt und endlich. Sie ist unbegrenzt, weil man an keiner Seite herunterfallen kann, und sie ist endlich, weil es nur eine begrenzte Menge an Land und Wasser gibt. Isaac Newton dachte, das Universum sei begrenzt und endlich.

Aber er stellte sich vor, daß sich alle Himmelskörper des Universums inmitten einer gewaltigen Leere zusammendrängten *(Abb. 15–1)*. Für Newton lagen die Grenzen des Universums dort, wo die Himmelskörper aufhören und die gewaltige Leere anfängt. Weiterhin gab es für ihn nur so und so viele Himmelskörper – eine endliche Anzahl. Für Gottfried Wilhelm Leibniz, einen Philosophen, Mathematiker und Zeitgenossen Isaac Newtons, war das Universum gleichermaßen unbegrenzt wie unendlich. Leibniz glaubte, daß eine unendliche Anzahl von Himmelskörpern gleichmäßig in einem unendlich großen Raum verteilt seien *(Abb. 15–2)*. 1917 beschrieb Albert Einstein ein Universum, das unbegrenzt und endlich ist – genauso wie die Erde. Aber bevor wir begreifen können, wieso Einsteins Universum unbegrenzt und endlich ist, müssen wir zunächst versuchen, es uns bildlich vorzustellen; abermals müssen wir auf eine Analogie zurückgreifen.

Wenn wir einen Film von einem Menschen sehen, der an einem Tisch sitzt und eine Orange schält, betrachten wir vielleicht eine Szene, bei der dieser Mensch ein Stück Schale nach dem anderen von der Orange zieht und vor sich auf den Tisch legt. Wenn wir diesen Film nun rückwärts laufen lassen, sehen wir, wie er das letzte Stück Schale nimmt und wieder an die Orange fügt. Dann beobachten wir, wie er ein weiteres Stück Schale ergreift und wieder auf die Orange legt. Da dieses Stück Schale an das bereits wieder auf die Orange

Abb. 15–1. Isaac Newton glaubte, daß alle Himmelskörper sich inmitten eines gewaltigen Nichts zusammendrängen.

Abb. 15–2. Gottfried Wilhelm Leibniz glaubte, daß unendlich viele Himmelskörper in einem unendlich weiten Raum verteilt seien.

gelegte angrenzt, verschwindet der Rand zwischen den beiden Stükken. Nun wird ein drittes Stück Schale auf die Orange zurückgelegt, und abermals verschwindet der Rand zwischen diesem Stück und der restlichen Schale auf der Orange. Wenn wir zum Anfang des Films kommen, ist die ganze Schale wieder auf der Orange, und alle Ränder sind verschwunden *(Abb. 15–3).*

Statt Schalenstücken stellen Sie sich nun vor, eine Anzahl von »Körpern« zu haben, beispielsweise Würfel. Nehmen Sie zwei Würfel, stellen Sie sie nebeneinander, und die Fläche zwischen den beiden verschwindet. Nehmen Sie einen dritten Würfel und stellen Sie ihn neben die beiden, und abermals verschwindet eine Fläche. Setzen Sie dieses Verfahren fort, und mit jedem Würfel verschwindet eine Fläche *(Abb. 15–4).* Nun versuchen Sie sich vorzustellen, wie Sie Würfel auf Würfel türmen, bis sogar die Außenfläche verschwindet! Das ist offenbar zuviel verlangt. Es ist unmöglich, sich einen Würfel ohne Außenfläche vorzustellen. Aber wir können uns ohne weiteres vorstellen, was wir sehen würden, wenn wir uns in einem Würfel in diesem enormen Haufen befänden. Wir würden uns einfach in einer dreidimensionalen Umgebung finden, ähnlich der, in der wir leben.

Einstein glaubte nicht, daß das Universum wie ein Würfel ohne Außenfläche aussehe, sondern er meinte, es sei wie eine Kugel ohne Außenfläche geformt. Wenn wir eine Menge Halbkugeln haben, die

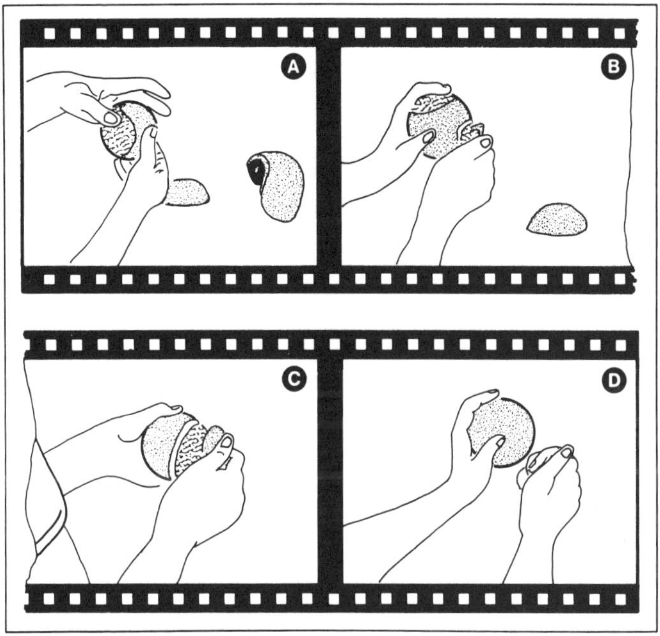

Abb. 15–3. Wenn wir den Film zurückspulen, stellen wir fest, daß alle Ränder verschwinden, wenn die Schale wieder auf die Orange gelegt wird.

Abb. 15–4. Legen Sie einen Würfel auf den anderen, und jedesmal verschwindet eine Fläche. Nun stellen Sie sich vor, Sie würden dieses Verfahren fortsetzen, bis sogar die Außenfläche verschwindet!

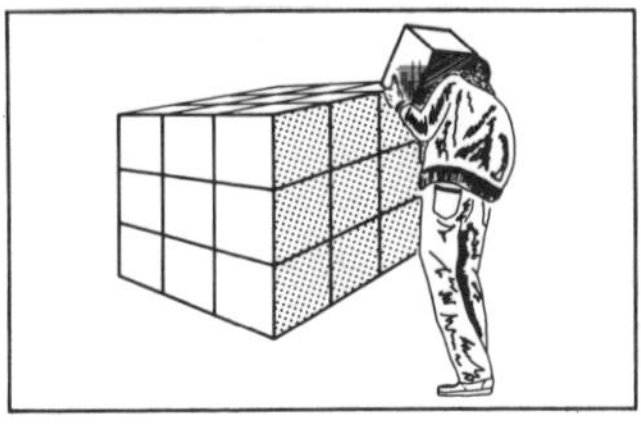

Abb. 15–5. Wenn wir eine Kugel in eine andere einschließen, verschwindet eine Oberfläche. Wenn wir diesen Prozeß fortsetzen könnten, bis sogar die Oberfläche der größten Kugel verschwände, hätten wir eine ziemlich genaue Vorstellung von Einsteins Begriff vom Universum, wie er es 1917 sah.

wir zu Kugeln zusammensetzen, und wenn jede auf diese Weise gebildete Kugel ein bißchen größer als die vorige ist, können wir eine Folge von konzentrischen Kugeln bilden, indem wir jede Kugel in einer größeren einschließen *(Abb. 15–5)*. Jedesmal, wenn wir eine Kugel in eine größere einschließen, verschwindet eine Außenfläche. Wenn wir diesen Vorgang fortsetzen, bis sogar die Außenfläche der größten Kugel verschwindet, haben wir eine recht gute Vorstellung des Universums, wie Einstein es 1917 sah.

Selbstverständlich vergaß Einstein nicht, die Zeit in seiner Beschreibung des Universums zu berücksichtigen. Seine Gleichungen ergaben, daß das Universum alterslos sei; es habe keinen Anfang und würde nie ein Ende haben – es existiere einfach seit ewig und werde weiterhin ewig existieren.

Nachdem wir nun Einsteins Universum beschrieben haben, wollen wir sehen, was passiert, wenn wir es erkunden. Wenn wir die Erde verlassen und mit einer Rakete, die beinahe mit Lichtgeschwindigkeit fliegt, in gerader Linie ins Weltall reisen, beschreiben wir unweigerlich einen riesigen Kreis und kehren schließlich zur Erde zurück *(Abb. 15–6 und 15–7)*. Während der ganzen Reise hätten wir keinen Grund zu der Annahme, daß wir uns anders als geradlinig

Abb. 15–6. Eine Reise durch Einsteins Universum.

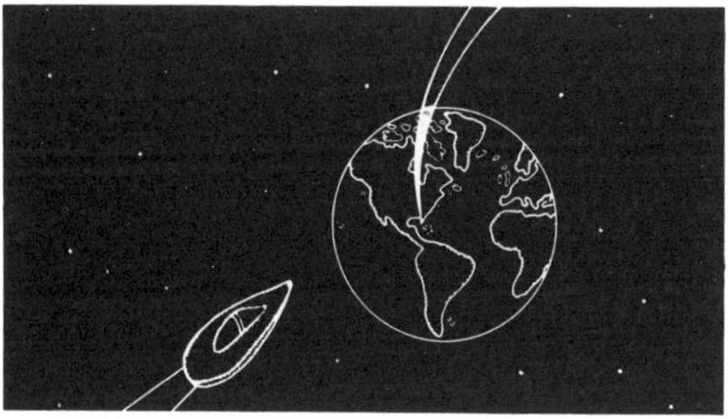

Abb. 15–7. Wenn wir in gerader Linie durch den Raum reisen, kehren wir schließlich zum Ausgangspunkt zurück.

fortbewegen; unser Ausflug wäre ganz ähnlich wie eine Reise um die Erde, bei der wir in gerader Linie zu reisen scheinen, aber immer zu unserem Ausgangspunkt zurückkehren. Da unser Ausflug ins Weltall unweigerlich zu unserem Ausgangspunkt zurückführt, sagt man von Einsteins Universum, es sei unbegrenzt. Trotz aller Bemühungen, geradeaus zu fliegen, scheinen wir nie ein Ende dieses Universums zu finden. Außerdem sagt man von Einsteins Universum, es sei endlich, weil wir, so lange wir auch darin herumfliegen, nur an einer bestimmten Anzahl von Himmelskörpern in einem sehr großen, aber endlichen Raum vorbeikommen können.

Einsteins Modell des Universums blieb nicht besonders lange im Rampenlicht. Binnen weniger Jahre hatten sich andere Wissenschaftler in die Gleichungen der Allgemeinen Relativitätstheorie vertieft und kamen auf ganz andere Vorstellungen vom Universum. 1929 machte der Astronom Edwin Powell Hubble eine Entdeckung, die schlüssig bewies, daß Einsteins Modell des Universums in mehrerer Hinsicht falsch war. Zu Anfang des 20. Jahrhunderts war den Astronomen klar geworden, daß das Universum aus Galaxien (Gruppen von Millionen von Sternen) besteht, die sich durch weite Bereiche leeren Raums bewegen. Hubble zeigte, daß sich all diese Galaxien (mit Ausnahme derer, die uns am nächsten liegen) mit riesiger Geschwindigkeit von uns wegbewegen *(Abb. 15–8)*. Tatsächlich rast eine Galaxis, je weiter sie von uns entfernt ist, um so

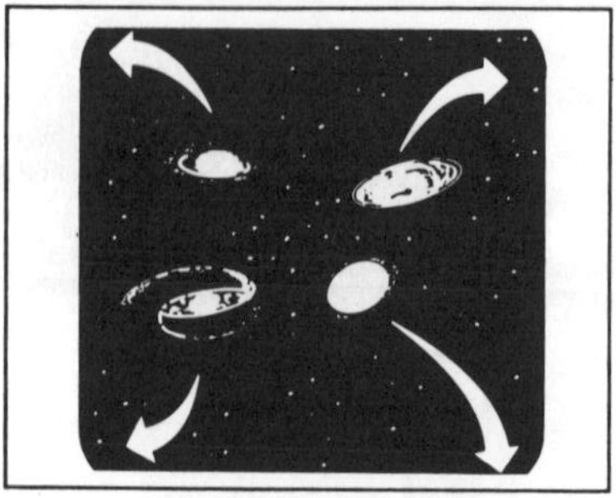

Abb. 15–8. Hubble bewies, daß sich alle Galaxien (mit Ausnahme der allernächsten) sehr schnell von uns und von einander entfernen. Daraus läßt sich schließen, daß das Universum sich ausdehnt.

schneller in die Weite. Da der Raum, der zwischen den Galaxien liegt, zunimmt, wurde vorgeschlagen, daß sich das Universum möglicherweise ausdehne. Wenn es sich ausdehne, müsse sich der Beginn dieser Ausdehnung, der »Urknall«, zu einem bestimmten und bestimmbaren Zeitpunkt ereignet haben. Verglichen mit Einsteins statischem Universum war dieses sich ausdehnende Universum dynamisch, und die Zeit war nicht unendlich, sondern begann mit dem »Urknall«. In der Folge dieser Ideen haben manche Wissenschaftler sogar vorgeschlagen – und viele glauben es –, daß das Universum vielleicht pulsiert, wobei es in endloser Wiederholung sich abwechselnd ausdehnt und zusammenzieht.

Bis heute gibt es Theorien über Größe, Gestalt und Alter des Universums im Überfluß, aber die endgültigen Antworten bleiben so schwer faßbar wie eh und je. Und um die Frustration noch zu steigern, wissen wir heute, daß es bestimmte »endgültige« Antworten gibt, die möglicherweise für immer unserem Zugriff entzogen sind. Im Moment scheint es zum Beispiel, als würden wir nie wissen, wie schnell die Erde sich relativ zur Schöpfung bewegt, noch werden wir je den genauen Ort eines Elektrons zu einem gegebenen Zeitpunkt bestimmen können. Es gibt zahlreiche derartige Beispiele, und sie alle beleuchten die Tatsache, daß die Wissenschaftler Fragen aufgeworfen haben, die möglicherweise nie beantwortet werden können. Die Kosmologen werden eines Tages hoffentlich die Größe, Gestalt und das Alter des Universums entdecken; doch trotz ihrer Anstrengungen ist es durchaus möglich, daß wir irgendwann vielleicht die Tatsache akzeptieren müssen, daß es keine Antworten gibt, sondern nur Fragen!

Die letzten Geheimnisse

Trotz der unvermeidlichen Unterbrechungen und Ablenkungen, die zu einem Teil seines Lebens als weltberühmter Wissenschaftler wurden, verfolgte Einstein seine wissenschaftliche Arbeit weiterhin mit einer Leidenschaft und Hingabe, die sich im Lauf der Jahre als immer bemerkenswerter erwiesen.

Nachdem er 1919 international zu Anerkennung gelangt war, wurde er in die zionistische Bewegung einbezogen, später von den Nazis verfolgt und gezwungen, Deutschland zu verlassen. Im Herbst 1933 emigrierte er in die USA, wo er den Rest seines Lebens verbrachte. Er wohnte in Princeton, New Jersey, wo er am Institute for Advanced Study arbeitete, das zur Universität Princeton gehört. Einstein wurde schließlich Staatsbürger der USA und spielte eine kleine, aber bedeutende Rolle bei den Ereignissen, die zum Bau der Atombombe führten. Gegen Ende seines Lebens wurde er sogar gebeten, Präsident von Israel zu werden. Trotz aller Zwänge und Forderungen jedoch gelang es ihm immer, zu seiner ersten Liebe zurückzukehren, der theoretischen Physik *(Abb. 16–1)*.

Während dieser späten Jahre setzte er seine Arbeit an der Allgemeinen Relativitätstheorie fort und verbesserte sie in mindestens zwei Bereichen bedeutend. Wie wir jetzt wissen, hatte Einstein, als er 1916 seine Allgemeine Relativitätstheorie veröffentlichte, die

Abb. 16–1. Albert Einstein (circa 1953). Einstein wurde so oft photographiert, daß er einmal einem Fremden, der ihn nach seinem Beruf fragte, antwortete: »Ich bin Photomodell«.

Bewegung des Planeten Merkur erfolgreich erklärt. Doch hatte er dabei annehmen müssen, daß der Merkur ein Massepunkt im Raum, die Sonne hingegen ein riesiger massiver Körper sei. Seine Gleichungen waren noch nicht ausgefeilt genug, um die Bewegungen zweier Massekörper vorauszusagen, die sich umeinander drehen wie ein Doppelsternsystem. 1938 gelang es ihm, dieses Problem zu lösen.

Während des 2. Weltkriegs und unmittelbar danach arbeitete er an einer weiteren Verbesserung seiner Allgemeinen Relativitätstheorie. 1916 unterschieden sich die Gleichungen für die Krümmung des Raums noch erheblich von denen für die Geodäten (den Weg, den Himmelskörper beschreiben). In Zusammenarbeit mit dem Physiker Leopold Infeld konnte Einstein den mathematischen Teil so verfeinern, daß man die Gleichungen für die Geodäten aus denen für die Raumkrümmung ableiten konnte. In diesem Sinn wurde die Allgemeine Relativitätstheorie strenggenommen zu einer Feldtheorie, einer Theorie, die nur auf der Gestalt oder Geometrie des Raums beruhte.

In seinen letzten vierzig Lebensjahren wurde das Bemühen um eine einheitliche Feldtheorie zu Einsteins überragender Leidenschaft – eine Theorie, die, wie er hoffte, alle Naturgesetze vereinen

Abb. 16–2. Eines Tages werden wir vielleicht in Autos fahren, die mittels eines Anti-Schwerkraft-Feldes über dem Boden schweben.

Abb. 16–3. Dieser Cartoon erschien kurz nach Einsteins Tod.

würde. Im 19. Jahrhundert hatte James Clerk Maxwell eine Gruppe von Gleichungen verfaßt, die die Elektrizität und den Magnetismus so miteinander verknüpften, daß die Wissenschaftler heutzutage bequem mit dem Begriff des elektromagnetischen Feldes operieren können, der Kombination eines elektrischen und eines magnetischen Feldes. Einstein hoffte, eine Theorie zu entwickeln, die ein elektrisches, ein magnetisches und ein Schwerefeld miteinander ver-

Abb. 16–4. Ein schwarzes Loch. Ein extrem dichtes Objekt mit einem so starken Schwerefeld, das nicht einmal das Licht daraus hervordringen kann.

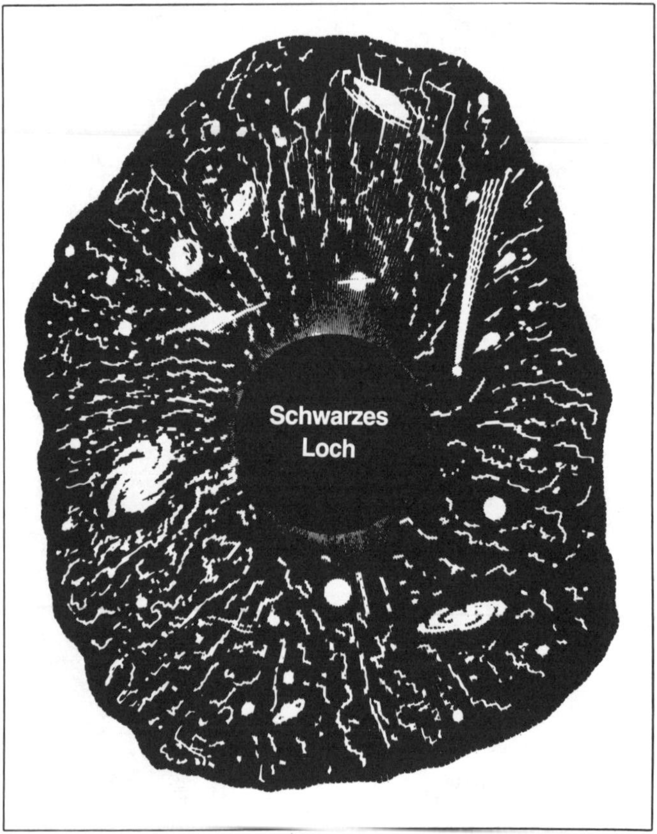

einen und somit Phänomene im Mikro- wie im Makrobereich erklären könne. Die Gleichungen, die die Bewegung eines Elektrons um den Atomkern beschrieben, sollten auch die Bewegung der Erde um die Sonne beschreiben.

Die Weiterungen solch einer Theorie sind atemberaubend. Ein gründliches Verständnis der Felder könnte beispielsweise zur Entwicklung von Anti-Schwerkraft-Geräten führen. Vielleicht wird der Tag kommen, an dem wir in Autos fahren, die über dem Boden schweben, indem sie ein Anti-Schwerefeld erzeugen *(Abb. 16–2)*; oder wir werden vielleicht mit Raketen zu anderen Planeten reisen, die nicht angetrieben werden, sondern sich von der Erde abstoßen. Oder vielleicht werden wir sogar lernen, die Bewegung der Himmelskörper zu steuern und Planeten und Sterne nach unserem Willen im Universum zu verschieben. Die Maschinen, die aus einer einheitlichen Feldtheorie hervorgingen, wären zweifellos ebenso atemberaubend und hoffentlich nicht so makaber wie die, deren Stammvater die Relativitätstheorie ist.

Albert Einstein starb am 18. April 1955 im Alter von 76 Jahren. Der Tod ereilte ihn in den frühen Morgenstunden im Princeton Hospital, wo er seit einigen Tagen als Patient lag. Todesursache war ein Riß der Aorta, der Hauptschlagader des Körpers. Auf seinem Nachttisch lagen Papiere mit seinen letzten Berechnungen zur Feldtheorie. Wie er versprochen hatte, arbeitete er bis zuletzt. Bis heute versuchen Wissenschaftler, sein schwieriges Werk abzuschließen *(Abb. 16–3)*.

Einsteins Ideen haben in den Jahren seit seinem Tod immer mehr an Bedeutung gewonnen. Das Zeitalter der Raumfahrt hat neue Perspektiven eröffnet und ist an neue Grenzen gestoßen. Die Astrophysiker haben alle möglichen seltsamen Phänomene und Objekte entdeckt, von denen manche sogar mit Hilfe der Allgemeinen Relativitätstheorie vorausgesagt werden konnten.

Eine der interessantesten dieser Entdeckungen ist das Schwarze Loch: ein Stern, in dem die Materie in sich zusammengestürzt ist und ein extrem dichtes Objekt daraus gemacht hat, und zwar mit einem so großen Schwerefeld, daß nicht einmal das Licht daraus entkommen kann *(Abb. 16–4)*. Hier finden wir das endgültige Experiment zur Lichtbeugung, nämlich ein Objekt, das das Licht nicht durch seine Oberfläche dringen läßt, weil es an dieser so stark gebeugt wird, daß es vollständig gefangen ist. Außerdem finden wir hier ein Objekt mit einem so starken Schwerefeld, daß nur die Allgemeine Relativitätstheorie es beschreiben kann; Newtons Gesetz der Schwerkraft reicht einfach nicht aus. Weiterhin haben die Astrophysiker einige ihrer Entdeckungen benutzt, um die Relativitätstheorie immer wieder zu überprüfen. Bislang scheint sie so gültig zu sein, wie Albert Einstein angenommen hatte.

Auf der ganzen Welt wird die Suche fortgesetzt; überall versuchen Wissenschaftler, die letzten Geheimnisse der Natur zu entschlüsseln. Experimente werden durchgeführt, Theorien vorgetragen, gedankliche Revolutionen finden statt. Das ist ein langwieriger und mühseliger Prozeß, aber am Ende wird jede Vision durch eine umfassendere ersetzt. Isaac Newton schrieb einmal: »Wenn ich weiter gesehen habe, dann deswegen, weil ich auf den Schultern von Riesen stand.« Heute stehen wir auf den Schultern von Albert Einstein. Ob wir je eine Antwort auf bestimmte letzte Fragen erhalten werden, bleibt abzuwarten, aber bislang haben wir zumindest etwas über uns selbst gelernt. Um diese Lektion einschätzen zu können, denken Sie an die bekannte Größe des Universums. Wenn wir die Entfernung unserer Erde bis zum entferntesten bekannten Objekt nehmen, das wir am Himmel finden können, können wir uns diese Entfernung als den Radius einer großen Kugel vorstellen. Wenn wir diese Kugel nun auf die Größe unseres Planeten Erde zusammenschrumpfen lassen, wird die Erde ihrerseits im Maßstab zusammenschrumpfen, bis sie kleiner als ein Atom ist – so unendlich klein sind wir Menschen im Plan der Schöpfung. Doch trotz unserer Kleinheit ist der menschliche Geist, wie Albert Einstein beispielgebend zeigte, in der Lage, die gewaltige Schönheit und Harmonie, die ihn umgibt, zunehmend zu verstehen, zu begreifen und die »Rätsel des Universums«, wie Albert Einstein sie gerne nannte, zu enträtseln – oder um Sir Winston Churchill zu paraphrasieren: die Geheimnisse des Universums, die in die Mysterien eingebettet sind, welche man im Unerklärlichen findet.

Abbildungsnachweis

Brown Brothers: S.12, 13, 15, 16, 17, 19, 20, 24, 40, 42, 58, 130, 166
Herblock Cartoons: S. 167
Mansell Collection: S. 56
Reader's Digest: S. 53
Prof. Dr. R. S. Shankland, Case Western Reserve University: S. 25, 33
Universität Jerusalem: Frontispiz, S. 51, 52, 54, 55
Wide World Photos: S. 152

Register

DUMONT SCHNELLKURSE

• Die Geschichte der Musik, von den Anfängen bis zur Avantgarde, vom Minnesang bis zur Minimal Music, von Schütz bis Schönberg

• Die wichtigsten Entwicklungen und Ideen

• Über Notation und Opern, europäische Traditionen, von Ereignissen und Skandalen, Musik mit Stimmen, Instrumenten und Computern

Von Johannes Rademacher. 192 Seiten mit 142 farbigen und 170 einfarbigen Abbildungen, Biographien, Zeittafel, Glossar, Register (DUMONT Taschenbücher, Band 501)

• Die Geschichte des Designs vom Biedermeier bis zur Postmoderne, von den Shakern bis zur ›Neuen Bescheidenheit‹

• Die wichtigsten Designer in aller Welt, von William Morris bis Philippe Starck

• Die unterschiedlichen Theorien und Stile in Wort und Bild: Jugendstil, Bauhaus, Art Déco, Funktionalismus, Postmoderne

Von Thomas Hauffe. 192 Seiten mit 212 farbigen und 155 einfarbigen Abbildungen, Zeitschriften-Auswahl, Design-Museen, Register (DuMont Taschenbücher, Band 502)

• Die Geschichte des Theaters von den Anfängen bis heute

• Von Schauspielern und Regisseuren, Künstlern und Bohémiens, Dichtern und Bühnenbildnern, Theoretikern und Philosophen und natürlich vom Publikum

• Über Shakespeare und Lessing, Broadway und Burgtheater

Von Andrea Gronemeyer. 192 Seiten mit 165 farbigen und 200 einfarbigen Abbildungen, Glossar, Verzeichnis der wichtigsten Theater-Museen, Regisseure, Bühnen und Schauspielschulen, Literaturempfehlungen, Register (DuMont Taschenbücher, Band 503)